해외여행 준비 TIP 모음

해외여행 준비
TIP 모음

ⓒ 이상호, 2022

초판 1쇄 발행 2022년 9월 1일

지은이   이상호
펴낸이   이기봉
편집   좋은땅 편집팀
펴낸곳   도서출판 좋은땅
주소   서울특별시 마포구 양화로12길 26 지월드빌딩 (서교동 395-7)
전화   02)374-8616~7
팩스   02)374-8614
이메일   gworldbook@naver.com
홈페이지   www.g-world.co.kr

ISBN   979-11-388-1204-7 (03980)

해외여행 준비 TIP 모음

이상호 지음

좋은땅

올해 스무 살이 되어 해외여행을 앞둔 수진이는 인터넷 사이트에서 해외여행에 필요한 준비물들을 검색한다. 그러나 검색을 해도 몇 가지 단편적인 정보만 나오고 광고 투성이다. 검색하다 지쳐 이런 생각이 든다. '해외여행도 다른 경험과 마찬가지로 직접 가서 겪어 봐야 하나 봐.'

해외여행을 어느 정도 다녀 본 동영이는 만족스러운 해외여행을 가는 사람들이 부러웠다. 그들은 해외여행을 다녀온 이후 에너지가 충전되어 생기가 넘쳤고 행복한 표정이 가득했다. 동영이는 생각했다. '내가 해외여행 가면 그저 그렇던데…. 어떻게 해외여행을 준비했길래 저렇게 행복한 시간을 보내고 만족스러워하는 걸까?'

저 또한 이런 생각을 했습니다. 특정 장소에 대한 정보가 담긴 해외여행 책은 많았지만 해외여행을 준비하는 정보만 모은 책은 없었습니다. 그래서 저는 해외여행 준비에 필요한 정보들을 알짜배기만 모아 담고 싶었고 그 정보들을 독자분들이 이해하기 쉽고 편안하게 전달하고 싶었습니다.

필수 정보만 담지 않았습니다. 더욱 만족스러운 해외여행을 위한 깊은 정보 또한 담았습니다. 해외여행을 어느 정도 다녀 보신 분들은 챕터2부터 읽는 것을 추천합니다. 정말 만족스러운 해외여행이 무엇인지 알게 될 것입니다. 평소에 휴일이나 주말을 지루하게 보낸다고 느껴진다면 이 책은 여러분들의 인생을 바꿀 수 있는 기회가 될지도 모릅니다.

해외여행의 종류는 다양합니다. 힘든 일상을 벗어나 마음에 평화를 깃들게 하는 힐링 여행, 사랑하던 연인과 헤어져서 아픈 마음을 위로하는 이별 여행, 재밌게 놀기 위해서 하는 여행, 혹시나 모를 영화 같은 인연을 만나는 것을 기대하는 해외여행 등 다양한 여행이 있습니다. 그 여행들을 풍족하게 만들어 줄 다양한 정보들(초보도 쉽게 사용할 수 있는 여행 영어를 통한 외국인 친구 사귀기, 음악, 영화 등등)을 오랜 시간 동안 정리하고 고민하여 이 책에 담았습니다. 만족스러운 여행 정보를 통해 독자분들의 해외여행은 한층 업그레이드 될 것입니다.

여행 준비 순서대로 집필하지는 않았기 때문에 원하는 챕터부터 골라보셔도 됩니다. 하지만 처음부터 끝까지 읽으시며 해외여행에 필요한 단순 정보부터 풍족한 해외여행을 위한 심화 정보까지 익히시는 것을 추천합니다.

'어둠이 빛의 부재라면, 여행은 일상의 부재다.'

－『여행의 이유』김영하－

저 또한 해외여행을 다니면서 바쁜 일상으로 지친 마음을 위로받을 수 있었습니다. 외국인 친구들을 사귀고 다양한 경험들을 하면서 행복한 감정을 느끼며 많은 추억들을 가슴속에 남길 수 있었습니다.

어서 빨리 코로나가 종식되어 예전처럼 자유롭게 해외여행을 즐기는 순간이 찾아오길 기원합니다.

해외여행 준비 TIP 모음

목차

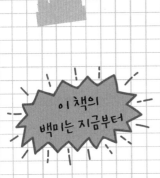

이 책의 백미는 지금부터

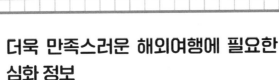

챕터 1

해외여행 필수 정보

캐리어에 어떤 물건을 담지 말아야 하는지, 캐리어 구매 및 고장 나지 않게 사용하기

〈악몽이 된 철수와 영이의 해외여행 이야기〉

(1) 철수는 가족들과 함께 해외여행을 갔다. 항공사 부스에서 화물용 캐리어를 맡기고 티켓을 받은 후 면세점으로 가서 가족들과 함께 쇼핑을 즐겼다. 근데 갑자기 항공사에서 철수를 찾는 방송이 나온다. "김철수 고객님. 지금 빨리 ○○항공으로 와주시기 바랍니다." 방송을 들어서 걱정이 된 가족들은 철수와 함께 항공사를 찾아갔다.

항공사 직원이 철수에게 이야기했다. 왜 화물용 캐리어에 스마트폰 충전용 보조 배터리를 넣었냐는 것이다. (비행기 화물칸에 부치는 캐리어는 화물용 캐리어고 비행기에 가지고 함께 타는 캐리어는 기내용 캐리어라고 부른다.)철수 때문에 면세점 쇼핑을 하지 못한 가족들은 분명히 얘기했는데 왜 보조 배터리를 화물용 캐리어에 넣었냐며 철수를 엄청 혼냈다. 해외여행 처음부터 혼이 난 철수는 죄책감과 우울한 감정을 느꼈다.

(2) 영이는 남자 친구와 함께 해외여행을 갔다. 좋은 추억을 만들고 귀국하는 도중 일이 터지고 만다. 남자 친구가 비싸게 샀던 와인을 화물용 캐리어가 아니라 기내용 캐리어에 담은 것이다. 기내용 캐리어 엑스레이 검사 도중 이것을 알게 되었고 어쩔 수 없이 남자친구가 비싸게 산 와인은 버릴 수 밖에 없었다. 또한, 자신이 구매한 곤약 젤리도 같이 버리게 되었다.

남자 친구는 괜찮다며 이해해 줬지만 영이는 미안한 마음에 자신의 아르바이트 비용으로 와인을 사 주었고 거의 한 달 아르바이트 비용의 절반을 날리게 된다. 기분 좋은 추억을 만든 해외여행이 한순간 실수로 악몽이 되어버린 것이다.

〈왜 이런 사례들이 생기는 걸까?〉

탑승 수속 절차 체크인은 다음과 같은 순서로 이루어진다.

수하물 위탁 → 보안 검색 → 출발장 도착

수하물 위탁: 항공사에 찾아가 여권을 보여 주고 티켓을 끊으면서 화물용 캐리어를 부친다.
보안 검색: 기내용 캐리어에 액체를 담았는지 엑스레이로 검색한다.

출발장 도착: 출발장에 도착하여 여객기에 탄다.

짐을 잘못 싸서 면세점 쇼핑을 못하고 액체 종류를 버려야 하는 안타까운 일들은 모두 위와 같은 탑승 수속 절차가 있기 때문에 생겨나는 일이다.

보안 검색을 할 때는 이미 비행기 티켓을 끊을 때 화물용 캐리어를 부친 상황이기 때문에 기내용 캐리어에 있는 액체 종류의 물품(와인, 액체용 화장품, 곤약 젤리 등등)은 모두 쓰레기통으로 버릴 수 밖에 없다. 그래서 인터넷 해외여행 커뮤니티 게시판에 곤약 젤리, 비싼 와인, 비싼 양주를 한 입 먹고 버렸다는 안타까운 글들도 간혹 올라온다. 또한, 친한 사람에게 와인이나 액체류를 사 와 달라고 부탁을 받았을 경우 내 부주의로 인해 버리게 되면 내 돈만 버리게 되고 친한 사람에게 말하기도 곤란해진다. 정말 돈이 아깝고 짜증난다.

또한, 여권을 보여 주고 티켓을 끊으면서 화물용 캐리어를 부칠 때 배터리가 있는지 말로만 물어보는데 이때가 아닌 나중에 엑스레이 검사를 한다. 그렇기 때문에 화물용 캐리어에 나도 모르게 배터리를 넣어도 바로 알 수가 없는 것이다. 나중에 면세점에서 쇼핑을 할 때 나를 찾는 방송을 하거나 스마트폰으로 연락이 온다. 면세점 쇼핑을 제대로 하지 못하는 것은 물론이고 같이 여행 간 주변 사람들로부터 욕 먹는 것은 덤이다.

액체야 버리면 되지만 화물용 캐리어에 배터리를 넣지 않는 것은 안전상으로 꼭 지켜야 하는 규칙이다. 항공기 화물칸은 사람의 손길이 닿지 않는 곳에 보관되기 때문에 불이 붙으면 끄기가 쉽지 않다. 또한, 리튬 배터리는 불이 붙을 경우 일반 소화기로도 잘 꺼지지 않는다. 혹시라도 승객의 부주의로 화물용 캐리어에 배터리를 담았을 경우 배터리 때문에 화물칸에 불이 붙어 여객기가 추락하는 큰 사고로 이어질 수 있다.

그러니 위와 같은 상황을 예방하기 위하여 아래 사항을 꼭 명심하도록 하자.

기내용 캐리어에는 액체 종류를 넣으면 안 되고, 화물용 캐리어에는 리튬 이온 배터리 혹은 배터리가 내장된 물품(노트북, 보조 배터리, 게임기, 카메라 등등)과 스프레이 종류의 제품(기체가 있어서 폭발할 수 있는 제품)를 넣으면 안 된다.

기내용 캐리어 액체 허용 범위는 100미리 이하 용기에 10개 이하가 가능하고, 화물용 캐리어는 160WH(와트)를 초과하지 않으면 가능하다. 하지만 리튬 배터리 규정은 항공사마다 규정이 다르고 여행에 필요한 액체 종류를 100미리 이하 용기에 담는 것이 번거롭기 때문에 그냥 위 문장을 통째로 기억하는 것이 좋다.

또한, 외국에서 한국으로 귀국하기 전날 밤에 어느 정도 짐을 정리해 놓자. 귀국하는 날 아침에 일어나서 허겁지겁 빠르게 짐을 싸다 보면 기내용 캐리어에 액체 종류를 넣거나 화물용 캐리어에 배터리 혹은 스프레이 종류를 넣어 앞선 사례들과 같은 악몽을 겪을 수 있다. 보통 해외여행을 가기 전 날에는 주의해서 짐을 싸는데 귀국할 때는 긴장이 풀리거나 피곤해서 짐을 잘못 싸는 실수를 저지르는 경우가 많으니 꼭 주의하자.

〈기타 팁들〉

(1) 중고 사이트에서 30인치 캐리어를 판다는 글을 본 적이 있다. 파는 이유는 미국에 여행가는데 30인치의 경우 20만 원 추가 비용이 든다는 것이다. 그러나 인터넷에서 여행 후기를 검색해 보니 실제로는 30인치 캐리어를 들고 다니는 여행객들이 정말 많았다. 각 항공사가 정한 무게만 넘지 않으면 30인치 캐리어까지는 대략적으로 항공사가 허용을 해 준다. (그래도 혹시 모르니 해외여행 가기 전에 미리 전화를 해서 항공사에 문의를 해 보자.)

(2) 짐이 많지 않은 분들은 기내용 캐리어만 가지고 여행하시는 분들도 있고, 짐이 많으신 분들은 꼭 화물용 캐리어도 같이 가져간다. 만약 2명이서 여행 간다면 1명만 화물용 캐리어를 가지고 가는 것도 좋은 방법이다.

〈캐리어 종류 및 실용적인 구매 방법〉

캐리어 재질은 대략적으로 ABS, 100% PC, ABS+PC, 100% 알루미늄으로 나뉘어진다. ABS는 플라스틱 재질이다 보니 가장 깨지기 쉬운 재질이다. 알류미늄이 가장 튼튼한데 70만 원 이상 제품도 있을만큼 가장 가격이 비싸다. 본인의 선택이겠지만 돈을 몇 만 원 더 주고 가성비 좋은 100% PC 재질의 캐리어 구매를 권장한다.

해외여행을 많이 가진 않는 사람이라면 2~3만 원대의 ABS 화물용 캐리어를 구매하여도 큰 상관은 없다. 필자는 해외 다니면서 ABS용을 구매했는데 5번 해외여행을 다녀와도 큰 문제는 없었다. 하지만 거리가 먼 곳을 가거나 자주 다니는 사람이라면 좀 더 좋은 캐리어 구매를 권장한다.

인터넷을 검색하면 리튬 배터리가 부착되어 전동휠처럼 내가 직접 타고 다닐 수 있는 전동 캐리어 혹은 나를 쫓아다니는 전동 캐리어도 있다. 기내용 캐리어라면 괜찮겠지만 화물용 캐리어라면 티켓을 끊기 전에 배터리를 분리해야 한다.

〈캐리어 사용법 및 캐리어 파손 시 보상 청구 방법〉

캐리어를 고장 나지 않게 오래 사용하는 방법은 의외로 본체보다는 바퀴를 잘 관리하는 것이다. 평평한 곳이면 괜찮겠지만 아스팔트에서 캐리어를 끌고 다니면 바퀴가 쉽게 고장난다. 그러니 아스팔트 같이 울퉁불퉁한 지면에서는 되도록 캐리어를 들고 이동하도록 하자.

화물용 캐리어를 티켓팅할 때 부쳤는데 항공사 직원이 험하게 다뤘는지, 바퀴가 사라져 있거나 지퍼가 터져 있거나 본체가 깨져 있는 경우도 있다. 이럴 경우 항공사에 연락하면 AS를 진행해 준다. AS가 안 될 정도로 파손된 경우 새로운 캐리어를 주기도 한다. 화물을 찾을 때 캐리어가 손상되었다면 바로 스마트폰으로 사진을 찍고 항공사에 전화하여 보상을 받자.

〈정리〉

- 기내용 캐리어: 여객기에 들고 가는 캐리어. 액체를 넣으면 안 됨./화물용 캐리어: 티켓팅할 때 맡기는 캐리어. 배터리나 스프레이 같이 불이 붙을 수 있는 것을 넣으면 안 됨.

- 귀국하기 전날 밤 미리 짐을 어느 정도 싸 놓자. 여행을 떠날 때는 주의하는데 귀국할 때는 피곤하거나 긴장이 풀려서 짐을 잘못 싸는 경우가 많다.

- 캐리어 종류: ABS, 100% PC, ABS+PC, 100% 알루미늄

- 100% PC 재질 캐리어가 가성비가 좋다.

- 기내용 캐리어는 괜찮지만 화물용 캐리어 중에 나를 따라다니는 전동 캐리어나 타고 다니는 전동 캐리어가 있다면 티켓팅할 때 꼭 배터리를 분리하자.

- 아스팔트처럼 울퉁불퉁한 곳에서는 캐리어를 끌고 다니지 말자. 바

퀴가 쉽게 고장난다.

- 화물용 캐리어를 티켓팅할 때 맡겼는데 찾을 때 파손이 된 경우 항공
사에 연락하자. 캐리어를 AS해 주거나 새로운 캐리어를 증정한다.

마우스 클릭 몇 번에 비행기 티켓 2만 원 할인? 티켓 할인 구매 방법

〈마우스 클릭 몇 번에 2만 원 할인 받아 결제〉

비행기 티켓 가격은 아래처럼 대략적으로 3가지로 구분된다.

특가(가장 저렴)-할인가(보통)-정상가(비쌈)

항공사마다 위 3가지를 부르는 이름이 다르다. 그래도 왼쪽에 가장 저렴한 티켓 가격, 중간에는 저렴한 가격, 오른쪽에 비싼 가격으로 정렬하는 방식은 동일하다.

대부분의 경우 특가에는 화물용 캐리어 추가 비용이 포함되어 있지 않지만 할인가에는 화물용 캐리어 비용이 포함되어 있다. 그래서 보통 화물용 캐리어를 가져가니 할인가 가격을 결제하는 경우가 많다. 그러나 특가 가격을 결제 후 위탁 수화물(화물용 캐리어)을 추가적으로 결제하면 할인가보다 저렴하다. 단, 위탁 수화물은 2일 전에 결제해야 한다. 출발 1일 전은 가격이 더 붙는다. (2일 전은 2일 이전 모든 기간을 뜻한다. 3일 전이나 5일 전에 결제해도 저렴하다.)

예를 들어서 여행 10일 전에 티켓을 구매한다고 가정하자. 편도 기준으로 특가 가격이 45000원, 위탁 수화물 추가 결제 금액(화물용 캐리어 추가 결제 금액)은 2일 전 기간이면 3만 원. 둘을 더하면 75000원이다. 그런데 할인가로 결제하면 96000원이다. 두 번 나누어 결제하면 75000원인데 한 번에 결제하면 96000원이다. 두 번 나누어 결제하면 21000원을 아낄 수 있다.

마우스 클릭 몇 번에 비행기 티켓 가격을 2만 원을 아낄 수 있는 것을 알게 되어 너무 황당해서 항공사에 전화를 했다. 결제를 한 번 하나 두 번 나누어서 하나 차이인데 왜 이렇게 크게 차이가 나냐고 문의하니 상담 직원은 특가 가격은 그때그때 달라지는 것이라 그렇다는 답변을 하였다.

이처럼 해외여행을 처음 가시거나 많이 가 보지 않으신 독자분들이라면 화물용 캐리어 가져가니 할인가를 선택했다가 2만 원을 날릴 수도 있다. 거리가 먼 국가로 갈수록 2만 원보다 더욱 더 큰 금액이 날아간다.

단, 특가가 날짜마다 가격이 다르기 때문에 특가에다 위탁 수화물(화물용 캐리어)를 추가했는데 할인가가 더 저렴한 경우가 있을 수 있다(그런 경우는 흔치 않다.). 혹시 모르니 비행기 티켓을 결제하기 전에 미리 계산을 해 보고 결제하는 과정이 필요하다.

또한, 특가의 경우 보통 위탁 수화물은 무료 제공을 안 하는데 10kg의 위탁 수화물을 무료 제공하는 항공사도 있다. 그러니 티켓을 끊을 때 잘 확인하고 결제하자.

〈비행기 티켓 가격 비교 어플에는 검색 안 되었는데 항공사 홈페이지에 특가 가격이 검색〉

요즘은 저렴한 비행기를 구매하고자 항공사 티켓 가격을 비교하는 어플을 설치하여 결제하는 경우가 많다. 그러나 그 어플에서는 분명히 내가 가고자 하는 날짜와 시간에 특가가 뜨지 않았는데 항공사 홈페이지에서는 특가가 있는 경우가 있다. 그러니 항공사 홈페이지에 수시로 접속하여 발품을 잘 팔아 보고 저렴하게 구매하자.

〈꼭 같은 항공사를 결제할 필요 없다, 편도로 다른 항공사 결제해서 비용을 아끼자〉

해외여행이 처음이라 뭔가 귀찮기도 하고 같은 항공사로 결제해야 될 것 같아서 같은 항공사에서 왕복으로 결제를 하시는 분들도 계신다. 그러나 같은 항공사로 굳이 결제할 필요가 없다.

최대한 일찍 출국해서 최대한 늦게까지 놀다가 귀국하고 싶은데 왕복 티켓 시간을 보면 내가 원하는 시간이 없는 경우가 많다. 또한 같은 항공사 왕복보다는 다른 항공사 편도로 결제했을 때 금액이 더 저렴한 경우가 많다.

그래서 필자는 출발 일자에는 최대한 빠른 시간 비행기 티켓을 구매하고 귀국 일자에는 적당히 늦은 오후나 가장 늦은 시간 비행기 티켓을 구매한다. 이렇게 두 번 나누어서 편도로 구매하다 보면 가격도 저렴하게 구매할 수 있고 원하는 만큼 해외여행을 더 오래 즐길 수 있다.

단, 반드시 출국 전에는 귀국 티켓을 이미 발급해야 한다. 귀국 티켓은 결제 안 하고 출국 티켓만 결제했을 경우 불법 체류의 우려로 출국이 되지 않는 경우가 있으니 주의하자. (유학이나 장기 체류가 아닌 짧은 기간의 여행일 경우에 해당.)

〈비행기 티켓 결제 시 주의할 점〉

비행기 예약할 때 여권상의 영문 이름과 항공권에 기입한 영문 이름이 반드시 일치해야 한다. 일치하지 않을 경우 탑승이 거부될 수 있다.

집에서 공항으로 갈 때, 해외 공항에서 숙소로 갈 때 지하철이나 버스를 탈 수 있는 시간인지 확인하자. 요금이 비싼 택시를 타면 비행기 티켓을 저렴하게 결제해도 무용지물이다.

〈비행기 티켓 결제가 어려울 때〉

자산이 많으신 분들 중에 해킹당할까 봐 일부러 공인 인증서를 만들지 않는 분들 혹은 연세가 있으셔서 모바일이나 PC 결제를 못하시는 분들도 있다. 이럴 경우 항공사나 여행사에 전화하면 다소 금액이 추가로 붙지만 전화로 결제가 가능하다.

〈정리〉

• 마우스 클릭 몇 번에 비행기 티켓 가격이 많이 차이 나는 경우가 많다. 그러니 여러 가지로 검색해 보고 결정하자.

• 특가 가격에 위탁 수화물 결제를 추가하면 할인가보다 저렴한 경우도 있고 그렇지 않은 경우도 있다. (보통 저렴한 경우가 더 많다.) 위탁 수화물 결제는 2일 전에 해야 저렴하니 2일 전에 꼭 결제하자. 1일 전에는 가격이 오른다.

• 특가의 경우, 보통 위탁수화물 옵션이 없지만 10kg의 경우 무료로 옵션이 제공되는 곳도 있으니 잘 확인하고 결제하자.

• 비행기 가격 비교 어플에는 없지만 항공사 사이트에서는 더 저렴하게 결제할 수 있는 경우가 있다. 항공사 사이트 여러 군데 접속하며 발품을 팔아 보자.

- 꼭 같은 항공사를 결제할 필요 없다. 출국과 귀국을 다른 항공사로 결제해도 내가 원하는 시간대가 가능하며 가격도 더 저렴하다. 단 출국 전에 출국과 귀국 모두 티켓을 결제한 상황이어야 한다. 출국 티켓만 결제하고 귀국 티켓을 결제 안 할 경우 출국이 되지 않는 경우가 있으니 주의하자(유학이나 장기 체류가 아닌 짧은 기간의 여행일 경우에 해당).

- 비행기 결제 시 여권 상의 영문 이름과 항공권에 기입한 영문 이름이 반드시 일치해야 한다. 예약할 때 주의하자.

- 출국 시 집에서 공항으로, 해외 도착 시 해외 공항에서 숙소로 갈 수 있는 버스나 지하철이 있는지 확인하자. 비싼 택시를 타면 저렴한 비행기 티켓을 결제해도 무용지물이다.

- 개인의 사정으로 공인 인증서가 없거나 모바일 결제나 PC 결제를 잘 못하는 경우 항공사나 여행사에 전화하면 전화로 결제가 가능하다.

잠들기 전
이것은 꼭 가방에 미리 넣어 둘 것

캐리어를 가지고 들뜬 마음으로 공항에 도착했다. 그래서 이제 티켓팅을 하려고 하는데 무언가 허전한 느낌이 든다. 혹시나 하는 마음에 가방을 열어 본다.

그렇다…. 집에 여권을 두고 온 것이다. 만약 정말 이런 일을 겪는다면 해외여행은 악몽이 된다.

부랴부랴 긴급 여권에 대해서 스마트폰으로 검색을 해 본다. 인천공항 F카운터에서 '영사 민원 서비스' 창구에서 긴급 여권을 신청할 수 있다. 발급 가능 시간은 오전 9시에서 오후 6시며 법정 공휴일은 휴무, 신청 후 1시간 30분 지나면 받아볼 수 있고 영사 민원 서비스 창구 근처에 여권 사진을 찍을 수 있는 부스가 있다.

하지만 단순한 여행이나 관광 등의 목적은 발급이 되지 않는다. 해외 거주 중인 가족이 위독하거나 사망 시, 신혼 여행, 자원 봉사, 유학 및 연수, 출장 등의 정말 긴급한 목적이 아니면 발급이 되지 않는다. 어찌저찌해서 발급 받았다 해도 이전에 가지고 있던 여권이 무효화가 된다. 게다가 여권을 가져오려고 퀵 서비스나 콜밴을 이용하면 또 돈이 엄청 든다.

치료보다는 예방이라는 말이 있다. 막대한 비용과 스트레스를 예방하기 위해서 여행 전날 아예 여권을 가방에 넣어 놓고, 집에서 문 열고 나가기 전에 여권이 가방에 있는지 다시 한번 확인하자.

〈여권을 가져왔는데도 출국이 안 된다구요?〉

여권의 유효 기간도 미리 확인해야 한다. 특정 나라는 여권 유효 기간이 6개월 이내면 출국이 불가능할 수 있다.

드문 경우지만 강아지나 고양이가 물어 뜯거나 자녀가 낙서를 해서 여권이 훼손되는 경우가 있다. 오후 비행기라면 영사 민원 서비스 창구에 가서 재발급받으면 되지만 오전 비행기라면 출국이 불가능하다. 그렇기에 여행 가기 2주 전에 여권 상태를 미리 확인하자.

〈여권 만들기〉

각 광역 시청, 도청이나 서울시 모든 구청 여권과에서 만들 수 있다(동사무소는 발급이 안 된다.). 여권용 사진을 사진관에서 찍어야 한다. 보통 발급 기간은 3~5일 소요되며, 성수기에는 7일 이상 소요되기도 한다.

〈정리〉

- 물에 젖거나 누가 낙서를 했거나 훼손되었는지 여권을 미리 확인하자.

- 여권 유효 기간이 6개월 이상 남았는지 확인하자.

- 깜박할 수 있으니 아예 여권을 여행 가기 하루 전날 가방에 미리 넣어 놓자.

- 집에서 공항으로 출발하기 전에 여권이 가방에 있는지 한번 더 확인하자.

귀가 아파서 여행을 망칠 수 있다?
항공성 중이염

예전에도 해외여행은 많이 가 보았기에 이번 해외여행도 별다른 일은 없겠지 싶었다. 그런데 비행기 출발 시간이 빠르다 보니 잠을 많이 자지 못해 비행기가 이륙할 때 잠시 졸았던 적이 있다. 비행기 타는 도중에도 이상은 없었고 해외에 도착해서 2시간이 지나도 문제가 없었다.

그러나 그날 밤 자던 도중 갑자기 귀가 아파 새벽에 잠을 깼다. 오른쪽 귀 뒤쪽과 턱 밑이 아프고 뜨거웠다. 그래서 거울을 보니 귀 뒤와 턱이 퉁퉁 부어올랐다. 너무 아파서 그 날은 잠을 3시간도 못 잤다. 더군다나 더욱 걱정이었던 것은 '예전에도 잘 다녀왔는데 별일 있겠어?'라는 마음으로 여행자 보험을 가입하지 않고 해외에 왔다. 이런 증상은 처음이고 외국에 있다 보니 오만 가지 걱정을 다 했다. 다음 날 약국을 가서 약을 구매 후 먹으니 부었던 부위가 가라앉았다.

귀국하여 이비인후과에 찾아갔다. 항공성 중이염이라고 의사가 진단을 내렸다. 비행기가 착륙하거나 이륙할 때 졸면 안 되고 비행 도중 꾸준히 물을 섭취해야 된다고 조언을 주셨다. 약은 비행기 타기 1시간 전, 비행기 탄 이후 1시간 뒤에 복용해야 한다. 의료 보험이 적용되면 2일치 약값 3천 원, 진료비 5천 원으로 대략 8천 원 정도 한다. 약은 귀 일부를 열어 주는 효과가 있다.

왜 항공성 중이염에 걸리는지 여쭤 보니 비행기를 탔을 때 갑작스러운 기압 변화가 원인이며 선천적으로 귀가 약한 면도 있기 때문이라고 하셨다.

이관(몸 밖과 안의 기압을 조절하는 귀 안의 관)은 평소에 닫혀 있다가 물을 마시거나 껌을 씹거나 무언가를 먹으면 자연스럽게 이관이 열리면서 기압 차가 줄어든다. 약을 준비할 시간이 없다면 사탕을 입에 물고 있거나 껌을 씹거나 비행 도중 꾸준히 물을 섭취하자. (사탕을 입에 물고 있으면 침이 저절로 삼켜진다. 자녀가 나이가 어릴 경우 비행기를 탔을 때 사탕을 먹게 하는 방법도 좋은 방법이다.)

블로그에서 항공성 중이염을 검색하니 어떤 분이 해외여행에서 항공성 중이염으로 통증과 함께 턱이 부어오른 게 3일 이상 갔다는 글을 보았다.

해외여행을 갔을 때 몸이 아픈 것만큼 서러운 것이 없다. 그러니 미리 대비하자.

〈정리〉
········

• 비행기가 이륙하거나 착륙할 때 졸지 말자.

• 비행기를 타는 도중 물을 조금씩 꾸준히 섭취하자. 사탕을 먹거나 껌을 씹어도 좋다.

• 커플 여행이나 정말 중요한 여행이면 이비인후과 가서 예방 약을 2일치 구매하여 비행기 타기 1시간 전, 비행기 타고 1시간 후에 먹자.

• 의료 보험 적용되면 2일치 약 값은 3천 원, 진료비 5천 원이니 대략 8천 원만 투자해서 준비하자. 그 약의 효과는 귀 일부를 열어 주는 효과가 있다고 한다.

• 해외여행 보험은 꼭 신청하자. 신청이 어렵지 않다. 인터넷에서 검색하면 5일 일정이라도 1~2만 원대의 저렴한 가격으로 신청이 가능하다. 필자는 삼성화재 다이렉트 여행자보험이 간편해서 자주 이용한다.

해외여행 시 폰으로 인터넷 사용법

해외여행 시 스마트폰으로 인터넷을 사용하려면 로밍, 유심 칩, 휴대용 와이파이 기기를 활용하는 방법이 있다.

로밍 가격은 대략적으로 하루에 1~2만 원이며 통신사에 따라서 다르지만 받는 음성 전화가 무제한인 통신사도 있다. 스마트폰에서 114로 전화해서 신청하거나 공항에 마련된 부스에서 신청이 가능하다.

유심 칩은 통신사마다 그리고 인터넷 용량마다 가격이 다르다. 검색해서 본인에게 맞는 유심 칩을 구매하면 된다.

필자는 유심 칩, 로밍보다는 휴대용 와이파이 기기를 대여하는 편이다. 저렴한 곳은 하루 3000원이고 유럽 같은 경우는 6500원 정도 한다. 나라에 따라 다르지만 로밍과 비교해 보면 가격이 거의 2배 차이가 나는 경우가 있다. 또한, 휴대용 와이파이 기기를 1대 빌리면 최대 5명이 나누어 쓸 수 있어서 편리하다.

휴대용 와이파이 기기를 대여할 때 해당 와이파이 사이트보다는 네이버 쇼핑에서 결제하면 가격이 훨씬 저렴한 경우가 있으니 네이버 쇼핑에서도 검색해서 가격을 비교해 보자.

공항 근처 와이파이 대여 장소에서 직접 결제 후 대여할 수 있으나 인터넷을 통해 미리 결제하고 찾는 것이 시간이 빠르다. 대여하는 사람이 너무 많아서 미리 결제했는데도 찾는 시간이 오래 걸리는 경우도 있다.

아침 10시에는 기기를 대여할 때 5분도 안 걸렸지만 아침 6시에 공항에 갔을 때는 20분이나 걸렸다. 원래 새벽에는 대여하는 데 시간이 오래 걸린다고 하니 참조하자. (새벽 비행기를 탈 때 면세점 쇼핑까지 해야 한다면 좀 더 일찍 공항에 도착해야 한다.)

휴대용 와이파이 기기가 고장 나서 작동이 안 될 경우에는 통신사에 전화를 해서 요금제를 가입하고 나중에 와이파이 기계 측에 보상을 신청하면 보상을 해 준다. 보상 범위가 있으니 와이파이 기계를 대여하기 전에 알아보고 대여하자.

통신사 로밍 부서는 다른 부서와 다르게 24시간 전화를 받는다. 비행기 티켓을 끊을 때 화물용 캐리어를 맡기고 출국장에 가면 기내용 캐리어 혹은 비행기에 들고 타는 가방을 검사하려 줄을 서야 할 때가 있다. 상황마다 다르지만 그때 줄이 참 길다. 그때를 활용해서 스마트폰에서 114를 눌러 전화를 하자. 해외에 가니 일정 시간 이후 인터넷 접속 차단시켜 달라고 요청하면 설정한 시간 이후에 차단이 된다. 이것을 하지 않고 해외에서 인터넷을 사용할 경우 굉장히 비싼 요금이 발생될 수 있으니 주의하자.

〈정리〉

● **로밍**

장점: 휴대용 와이파이 기기를 들고 다니지 않아도 되니 편리하다. 통신사에 따라 받는 음성 전화가 무제한인 경우도 있다.

단점: 가격이 비싼 편이다.

결제 방법: 공항 부스 방문 혹은 통신사 114로 전화.

● **유심 칩**

장점: 유심 칩만 갈아 끼우면 돼서 휴대용 와이파이 기기를 들고 다니지 않아도 된다.

단점: 유심 칩 크기가 작다 보니 잘못하면 예전 유심 칩을 분실할 수 있다.

결제 방법: 통신사 별로 구매.

● **휴대용 와이파이 기기**

장점: 가격이 저렴하다. 5명 정도까지 동시 사용이 가능하다. 회사마다 다르지만 110v 전압을 사용하는 국가의 경우 110볼트 어댑터를 무료로

대여해 주며 휴대용 스마트폰 충전기도 무료로 대여해 줘서 편리하다.

단점: 들고 다니기 귀찮을 수 있다. 저녁에 충전을 해야 한다. 여러 명이서 한꺼번에 쓰면 휴대용 와이파이 기기 전원이 빨리 닳을 수 있다. 기기 분실의 우려가 있다.

결제 방법: 인터넷 사이트 통해서 결제. 공항 와이파이 수령 장소에서 직접 대여.

• 비행기를 타기 전에 통신사에 전화를 해서 여행 기간 동안 해외 인터넷 사용을 차단해 달라고 요청하자. (스마트폰에서 114로 전화하면 바로 통신사로 연결된다.)

에어비앤비와 호텔,
어떤 곳에서 머물까?

포인트에 염두만 둔다면 본인의 취향에 맞게 숙소를 예약할 수 있다.

〈에어비앤비〉

에어비앤비의 경우, 내부 구조를 보여 주다 보니 내가 원하는 숙소를 잡을 수 있어 좋다. 커플끼리 여행을 간다면 경치가 좋은 곳에 예약하여 추억을 만들 수 있다. 필자는 뷰가 좋은 에어비앤비 숙소를 예약한 적이 있는데 크게 만족했었다. 어떤 숙소의 경우, 공항에서 숙소까지 데려다 주고 음식을 무료로 제공해 주는 좋은 호스트분들도 계신다.

그런데 카메라 촬영에 따라서 같은 공간이어도 넓게 보이는 경우가 있다. 그래서 막상 와 보니 숙소 사진과는 다르게 느껴져 실망하는 경우도 있다. 또한 결제를 했는데 호스트가 그 장소가 아니라고 하는 경우도 있

해외여행 준비 TIP 모음

다. 내부 구조는 똑같지만 장소를 사이트와 전혀 다른 장소로 올려놓는 것이다. 이럴 경우 다시 예약하려면 번거로울 수 있다. 결제하기 전에 후기를 잘 살펴보자. 보통 예전에 머물렀던 고객들이 후기에 이 점을 남기는 경우가 많다.

간혹 그렇지는 않지만 보안이 위험해서 사고가 발생하는 경우도 있다. 또한, 에어비앤비 숙소 형태가 그 나라 법으로 불법인데 운영하는 경우도 있다.

그리고 가장 짜증날 수 있는 경우는 여름에 에어컨이나 겨울에 히터가 고장 나는 경우다. 이럴 경우 해외여행은 악몽으로 변한다. 호텔 같은 경우 바로 직원을 불러 방을 바꿀 수 있으나 에어비앤비는 그러기 어렵다.

〈호텔〉

호텔의 경우 당연한 얘기지만 비쌀수록 좋은 편이다. 그렇지만 의외로 3성급 호텔을 잘 찾아보면 만족스러운 호텔들이 많다. 가야 할 장소가 많아서 여행 비용이 은근히 많이 들 때, 가성비 좋은 3성급 호텔에서 머물면 여행 비용을 크게 절약할 수 있다. 3성급 호텔 중에서도 목욕탕, 헬스장 사용, 무료 간식 등을 제공받을 수 있는 등 좋은 서비스가 있는 호텔도 찾아보면 의외로 많다.

소정의 금액(1~2만 원)을 내면 체크인(호텔에 처음으로 들어갈 수 있는 시간) 시간을 1~2시간 정도 빠르게 하거나 체크아웃(호텔에서 떠나는 시간)을 느리게 할 수 있는 호텔도 있다. (보통 체크인을 빠르게 하는 금액보다는 체크아웃을 늦게 하는 금액이 비싸다.)

1~2시간 정도 빨리 체크인 하는 것을 얼리 체크인이라고 한다. 필자는 해외에 가면 짐부터 먼저 푸는 편이라 얼리 체크인을 선호한다. 그래서 호텔을 결제하기 전에 얼리 체크인이 가능한지 여부를 먼저 물어보는 편이다.

호텔의 단점은 청소가 잘 안 되어 있거나 불친절한 직원을 만날 수 있고, 주변 여행객들이 시끄럽게 떠들어서 잠을 설치는 등의 스트레스를 받을 수 있다.

〈호텔 결제 잘못해서 10만 원 넘게 손해 본다?
=호텔 예약 시 주의 사항〉

가장 주의할 점은 호텔 결제할 때 인원 수를 정확하게 결제해야 한다는 것이다. 2명 결제해야 하는 데 실수로 1명으로 결제하면 현지에 가서 추가 결제를 해야 한다. 처음 2인으로 결제하는 것보다 금액이 훨씬 많이 나온다. 몇 만 원만 추가하면 될 것을 현지 호텔에 가서 10만 원 넘게 추가 결제했다는 해외여행 카페 후기 글을 본 적이 있다. 결제할 때 꼭 인원 수를 확인하고 결제하자.

〈호텔, 에어비앤비 예약 방법〉

해외 결제 가능한 체크 카드나 신용카드를 은행에서 만들자. 에어비앤비나 익스피디아(해외 호텔 예약 사이트)의 경우 결제할 때 해외 결제 가능한 카드로 결제해야 한다.

익스피디아의 경우, 네이버 여행 카페를 방문하면 그 달의 할인 코드를 찾을 수 있다. 그래서 할인가로 결제했는데 그 코드를 입력하면 중복으로 할인이 된다. 이런 식으로 중복 할인을 받으면 매우 저렴하게 예약할 수 있으니 검색해 보고 저렴하게 결제하자.

숙소의 경우, 여행의 목적에 따라 다르게 결제 가능하다. 베트남 다낭의 경우, 비싼 호텔에서 이용권을 지불하면 그 안에 수영장이라던지 시설을 이용할 수 있는 프로그램이 있다. 잠을 잘 때만 저렴한 호텔을 이용하고 비싼 호텔에 찾아가서 이용권을 지불하여 시설을 즐기는 것도 좋다.

상황마다 다르지만 4박 5일 정도라면 숙소 1곳에서 머무는 것이 좋다. 2박 3씩 나누어서 2곳에 머물렀는데 옮기는 과정이 의외로 많이 피곤했다.

기간이 더욱 길어서 2곳을 머물러야 한다면 초반에 싼 숙소를 잡는 편이 좋다. 왜냐하면 운이 나쁠 경우 기상 악화로 비행기 출발 시간이 8시간 지연되어서 첫날에 머물지 못하는 경우도 있기 때문이다. 또한, 그것을 차후에 항공사에 보상받는 것도 쉽지 않다.

인터넷 결제를 할 줄 모르거나 공인 인증서가 없으신 분의 경우 여행사로 전화하면 비행기 티켓과 마찬가지로 호텔을 결제할 수 있다.

〈정리〉

- 외국 호텔이나 에어비앤비를 결제할 경우 해외 결제 가능한 체크 카드나 신용 카드가 있어야 한다. 은행에서 미리 만들자.

- 인원 수를 정확하게 결제하자. 2명인데 1명으로 결제하면 체크인 할 때 원래 금액보다 훨씬 더 비싼 추가 금액으로 결제해야 되는 경우가 있다.

- **호텔**

장점: 에어비앤비보다 보안이 좋다. 여름에 에어컨, 겨울에 히터가 고장날 경우 바로 방을 바꿀 수 있다. 부가 서비스(조식, 헬스장, 목욕탕)가 있으면 이용할 수 있어서 좋다. 3성급의 경우 저렴하게 결제가 가능하다. 의외로 3성급 호텔 중에서도 가성비가 좋은 곳이 많아 잘만 활용하면 해외여행 비용을 크게 줄일 수 있다.

단점: 청소가 잘 안되어 있거나, 주변 여행객이 떠들거나, 호텔 직원이 불친절할 경우 스트레스를 받을 수 있다.

- **에어비앤비**

장점: 원하는 스타일의 숙소를 예약할 수 있다. 공항에서 숙소까지 데

해외여행 준비 TIP 모음

려다주고, 무료로 음식을 제공하는 곳도 있다.

단점: 호텔보다 보안에 취약하다. 여름에 에어컨, 겨울에 히터가 고장 날 경우 다른 숙소를 구하기가 쉽지 않아 스트레스 받을 수 있다. 사진 이 실제로 볼 때와 달라 실망할 수 있다.

- 싼 호텔에서는 잠만 자고, 비싼 호텔에서 돈을 내고 시설 이용을 하는 방법도 있다.

- 4박 5일 정도라면 숙소는 2곳이 아닌 1곳에서 머물자. 옮기는 과정에 서 의외로 많이 피곤함을 느낀다.

- 숙소를 2곳에 머물러야 한다면 초반에 싼 곳에 머물자. 기상 악화로 비행기 출발 시간이 지연되어 1박을 날릴 수 있다. 항공사에 보상받 기도 쉽지 않다.

- 인터넷 결제가 어렵거나 공인 인증서가 없다면 여행사나 익스피디아 에 전화하여 전화로 결제하자.

고려해야 할 해외여행 비용 및
환전 쉽게 하는 방법

〈고려해야 할 해외여행 비용〉

(1) 환전 비용(해외에서 사용할 식비, 교통비, 쇼핑비, 관광 명소 입장
비, 비상금)

(2) 면세점 비용

(3) 비행기 티켓

(4) 숙소 비용

(5) 캐리어 구매 비용

(6) 휴대용 와이파이 기기 대여비 혹은 로밍 비용

(7) 비행기 시간이 빠를 경우 비용(찜질방, 캡슐 호텔, 택시 및 콜밴)

(8) 여권 비용

(9) 그 외 여행에 본인이 필요하다고 하는 기타 비용

앞의 9가지 비용을 생각하며 일정에 맞게 여행 비용을 측정해 보자.

〈환전 기본 원칙〉

- 기본적으로 환전은 공항에서 하는 것보다 은행에서 하는 것이 더욱 저렴하다.

- 환율이 떨어질 때 조금씩 환전하며 모아 두면 해외여행 비용이 많이 절약된다.

- 주거래 은행에서 환율 우대를 더욱 많이 해 준다. 주거래 은행에 방문해서 얼마 정도 환율 우대를 받을 수 있는지 확인해 보자.

- 신한 은행 계좌를 만들고 신한 쏠 어플을 설치하면 우대 환율 90프로를 적용받아 달러, 유로, 엔화로 환전이 가능하다. 어플에서 환전을 신청한 다음 날부터 은행에서 수령 가능하며 본인이 직접 수령해야 한다. 환전 일일 최대 한도가 있기 때문에 환전 목표 금액이 높을 경우에는 조금씩 환전하여 모바일 금고에 넣어 두면 된다. 주거래 은행 우대율이 낮다면 환율이 낮을 때 신한 쏠 어플을 통해 조금씩 환전하며 여행 비용을 모으자.

- 은행에 방문했을 때 해외 결제가 가능한 체크 카드를 만들고 그 안에 비상금을 넣어 두는 것을 추천한다. 해외여행 시 마음에 드는 물품이

갑자기 생겼을 때 해외 결제 가능한 체크 카드로 구매할 수 있다.

- 나중에 단위가 낮은 동전은 한국 돈으로 환전이 되지 않으므로 되도록 현지에서 시간적 여유가 있다면 남은 동전을 사용하자.

- 대도시에는 사설 환전소가 있다. 은행보다 조금 더 환율 우대를 받을 수 있다. 인터넷으로 사설 환전소를 검색하고 얼마에 환전받을 수 있는지 확인하고 방문하자.

패키지 여행 vs 자유 여행
- 어떤 여행이 나에게 맞을까?

〈패키지 여행〉

장점

- 그 나라에 꼭 가고 싶은 곳이나 먹고 싶은 음식이 없다면 여러 가지 장소와 음식을 골고루 즐길 수 있어서 편하다.
- 교통비가 비싼 나라에 갈 경우 관광 버스를 타고 이동하기 때문에 교통비를 아낄 수 있다.
- 관광 버스를 타니 덜 걸어도 된다. 자유 여행 가면 신이 나서 나도 모르게 기본적으로 2만 보에서 3만 보는 걷게 되는데 무척 피곤할 수 있다.
- 가이드가 있다 보니 심리적으로 안정이 된다.
- 가이드가 해당 나라에 대한 재미있는 이야기를 해 준다. 정보가 많아지니 여행은 더욱 즐거워진다.

- 일본은 여름에 가면 안 된다는 말이 있을 정도로 엄청 덥다. 그래서 가이드들이 웃으며 여름에 일본 여행을 온 관광객들은 너무 더워서 관광 버스 밖으로 안 나가려 한다는 말을 한다. 강원도 최전방에서 군 복무를 했던 남자가 일본이 여름에 엄청 덥다는 말을 비웃었다가(강원도 최전방은 깊은 산골이라 여름에는 엄청 덥고 겨울에는 엄청 춥다.) 여름에 도쿄 거리 한복판에서 쓰러져 응급차에 실려 갔다는 웃지 못할 사례가 있다. 건강에 문제 없는 사람이라면 웃고 넘길 이야기지만 노약자나 어린이의 경우 큰 문제가 생길 수 있다. 패키지 여행을 간다면 날씨가 너무 춥거나 더워도 가이드가 돌발 상황에 대처할 수 있고 관광 버스를 통해 이동하기에 편안하고 안전한 여행을 할 수 있다.
- 내가 딱히 준비하지 않아도 해외 지역의 유명한 장소를 골고루 방문할 수 있다.

단점

- 전날 술을 마시거나 늦게 자거나 할 수 없다. 버스 타는 동안 화장실을 가기 힘드니 배탈이 나면 힘들 수 있다.
- 같이 간 여행객들이 시끄러울 경우 스트레스를 받을 수 있다. 혼자 여행가거나 조용히 마음에 맞는 사람과 쉬려고 왔을 경우 여행은 휴식이 아닌 노동이 된다.
- 간혹 여행 가이드가 물건 구매를 반강제로 강요하는 경우가 있다.
- 내가 머물고 싶은 장소에 오랫동안 머물 수 없는 점이 아쉽다.
- 자유 여행 시간이 적다 보니 외국인과 말을 하거나 외국인 친구를 만

들 수 있는 기회가 적다.

- 자유 여행보다 비교적 가격이 비싸다.
- 패키지 여행 중 자유 여행 일정이 없다면 오랜 시간 웨이팅이 필요한 유명 맛집 혹은 유명 장소를 방문하는 것이 불가능하다.

〈자유 여행〉

장점

- 내가 원하는 장소에 갈 수 있어서 좋다.
- 일정이 없다 보니 원하는 곳에 천천히 여유롭게 머물 수 있다.
- 일정이 자유로워서 외국인 친구를 만들 수 있는 기회가 많다(챕터 2 에서 여행 영어를 사용하는 방법, 외국인 친구를 만드는 방법 등에 대해서 다룰 것이다.).
- 교통비를 제외한다면 패키지 여행보다 비교적 가격이 저렴하다.
- 오랜 시간 웨이팅이 필요한 유명 맛집 혹은 유명 장소를 갈 수 있다.

단점

- 교통비가 비싸면 금액이 많이 든다.
- 차를 렌트하면 좋지만 주차비가 비쌀 수 있다. 사고가 날 경우 골치 아프다.
- 관광 버스를 타지 않다 보니 하루에 2~3만 보는 건게 된다. 그래서 매우 피곤할 수 있다.
- 인터넷 검색하는 걸 싫어하면 눈앞의 맛집을 놓칠 수 있다.

• 계획 세우는 걸 싫어하는 사람의 경우 자칫 무의미하게 해외에서 시간을 보낼 수 있다.

어떤 선택을 해도 장점과 단점이 존재한다. 본인 그리고 같이 여행 가는 사람의 상황이나 성향에 맞춰 선택하자.

미성년자의 자유 여행 시 준비할 것들

여권법령에 의하면 만 18세 미만은 미성년자 여권 발급 대상이고, 만18세 이상은 일반인 여권 발급 대상이다.

〈미성년자 여권 만들기〉

미성년자 여권을 만드려면 부모 중 1인의 신분증, 법정대리인 동의서, 아이 사진 1매가 필요하다. 가족관계확인서나 기본 증명서는 신청 시 온라인 조회가 가능하기 때문에 따로 발급받을 필요는 없다. 중요한 점은 18세 미만 아이에 대한 친권을 확인해야 한다. 편모, 편부 친권인 경우 어린이 여권 만들기 신청 서류에 친권자 본인만 기재하면 되고, 친권이 부모 모두에게 있는 경우 부모 인적 사항을 모두 기재해야 한다. 신분증은 방문하는 부모 중 한 명만 있으면 된다.

미성년자 본인이 방문하여 여권 발급 가능도 가능하다. 단 아래와 같은 준비물이 필요하다.

(1) 미성년자 신분증

(2) 최근 6개월이내 촬영한 미성년자 여권 전용 사진 1매

(3) 나이에 따른 수수료

(4) 인감 혹은 서명 날인한 법정 대리인 동의서(여권법 시행규칙 별지 제1호의 2)

(5) 법정 대리인의 인감 증명서 혹은 본인 서명 사실 확인서

(6) 법정 대리인 신분증 원본

(7) 구 여권(유효 기간이 남은 경우)

〈비행기표, 해외 예약 방법 및 해외여행 가기 전날 준비하기〉

미성년자도 체크 카드만 있다면 해외로 가는 비행기 표나 해외 호텔 예약이 가능하다. 만약 본인 카드가 없다고 하여도 결제는 부모님용 카드로도 가능하다. 단, 예약 시 호텔 예약 명의나 비행기 예약 명의가 여행을 가는 본인으로 되어야 하는 것을 주의하자.

예외사항) 미성년자는 한국 법상 국내 공항 근처 호텔과 찜질방을 혼자 숙박할 때 보호자 동의서가 있어도 예약이 안 된다. 그러니 비행기표를 일찍 끊어서 인천공항에 전날 도착했다면 어쩔 수 없이 인천공항 벤치에서 잠을 자거나 기다리는 방법 밖에 없다. 이 점을 참고

해외여행 준비 TIP 모음

해서 여행 계획을 세우자.

(1) 여행 전날 부모님과 함께 인천 공항 근처 숙소에서 머물다 차로
    공항 출발

(2) 공항 근처 친척이나 지인 집에서 머물다 택시, 혹은 친척 지인 차
    로 공항 출발

위 2가지가 어렵다면 비행기 출발 시간이 새벽이 아닌 아침이나 오후
를 선택해야 한다.

구글 지도 어플로 편하게 여행하자

해외여행을 처음 가시는 분들이 가장 걱정하는 것이 길을 찾는 것이다. 필자도 패키지 여행이 아닌 처음 자유 여행을 갔을 때 길을 잃어버릴까 걱정이 많았다. 그래서 구글 지도를 이용하여 링크를 만들어서 사용했는데 굉장히 유용해서 큰 만족을 했다.

예를 들어 하루에 다섯 곳을 방문한다면 아래처럼 4개의 링크가 생긴다.
　(1) 첫 번째 장소 → 두 번째 장소
　(2) 두 번째 장소 → 세 번째 장소
　(3) 세 번째 장소 → 네 번째 장소
　(4) 네 번째 장소 → 다섯 번째 장소

위와 같이 링크를 만들어서 출발지 장소에 도착할 때마다 사용하면 정말 편리하다.

길을 쉽게 찾을 수 있는 것뿐만 아니라 맛집이나 관광 명소를 방문한 사람들이 남긴 후기를 보면서 결정할 수 있다. 또한 인종 차별이나 혐한을 하는 식당을 거를 수 있다. (단, 경쟁 업체 혹은 악성 민원 고객이 거짓 후기를 올릴 수 있으니 최대한 많은 후기를 검색해서 방문을 결정하도록 하자.)

먼저 한국에서 구글 지도 어플을 사용하는 방법을 익히는 것이 좋다. (안타깝게도 네이버 지도 어플은 한국에서만 사용이 가능하고 외국에서는 아직 사용이 불가능하다.)

스마트폰이 아이폰이 아니면 구글맵이 자동으로 설치되어 있는 경우가 많다. 플레이스토어 앱을 누른 후 '구글 지도'를 검색하자. 혹은 컴퓨터에서 구글 지도를 보고 싶을 경우 인터넷 사이트에서 google.com/maps을 입력하여 접속하면 된다.

〈스마트폰 구글 지도 어플 사용에 익숙해지는 방법〉

해외여행 가서 사용하며 익히기 전에 한국에서 먼저 사용하며 익히자. 한국에서 잘 사용할 수 있으면 해외에서도 당연히 쉽게 사용할 수 있다. 낯선 장소가 아니라 내가 평소에 자주 가는 경로로 구글 지도를 설정하자. 그것이 훨씬 더 구글 지도에 빠르게 익숙해질 수 있다.

구글 지도에 접속하여 설정할 것은 출발지와 목적지다. 내가 평소에 자주 가는 경로를 출발지와 목적지로 설정한다. 학생이라면 집을 출발지로 학교를 목적지로 설정하고 직장인이라면 집을 출발지로 회사를 목적지로 설정한다.

이렇게 설정한 후 학교를 향하거나 회사로 향할 때 스마트폰으로 구글 지도를 보면서 이동해 보자. 그렇게 스마트폰으로 중간중간 구글 지도를 보면서 걷다 보면 '아 이런 식으로 표기가 되는구나.' 하는 것을 느낄 수 있다.

여러 가지 경로 중 하나를 선택하면 지도에 경로가 표시된다. 화면을 축소하여 전반적으로 가는 길을 전체적으로 확인해 보자.

여러 가지 경로를 살펴보며 다른 방법으로 갈 수 있는 것도 살펴 보자. 멀리 돌아가는 방법이겠지만 구글 지도를 익힐 때 분명 도움이 될 것이다.

또한, 친구와 처음 가 보는 장소에서 약속이 잡혔다면 그 때 길을 가면서 구글 지도를 활용해 보자. 이렇게 몇 번 사용하다 보면 금방 감이 잡힌다. 감이 잡히다 보면 외국에서도 구글 지도를 사용하여 쉽게 길을 찾아다니게 될 것이다.

〈컴퓨터로 구글 지도 링크 정리하는 방법〉

스마트폰으로 국내에서 구글 지도를 사용하는 것에 익숙해졌다면 아래 과정을 연습해 보며 컴퓨터로 구글 링크를 만들고 정리해 보자. (관광지 주소 혹은 맛집 주소를 복사 붙여 넣기 해야 되기 때문에 스마트폰보다 컴퓨터에서 구글 지도 링크를 정리하는 것이 더 편하다. 또한, 아래 내용이 잘 이해가 가지 않는다면 한국 내에서 출발지와 목적지를 설정하여 감을 잡는 것도 좋다.)

예를 들어서 대만 타이페이 시티에 가서 맛집 1위 식당에 방문하여 식사를 한다고 가정하자.

(1) 인터넷에서 google.com/maps을 입력하여 구글맵 사이트에 접속한다.

(2) 인터넷 창을 하나 더 띄우고 네이버에 접속하여 검색 창에 타이페이 맛집을 입력한다. (구글보다는 네이버에서 맛집 주소 검색이 더 잘된다. 네이버 지도가 해외에서도 되면 좋겠지만 네이버 지도는 한국에서만 사용이 되며 외국은 지원하지 않는다.)1위 식당인 Grand Hilai를 클릭한다. 주소 오른쪽 '복사' 버튼을 눌러 주소를 복사한다.

(3) 구글 맵 사이트 인터넷 창을 클릭하여 검색창에 복사한 것을 붙여 넣기 하여 검색한다. (컨트롤 V를 누르거나 마우스 오른쪽 버튼을 클릭하고 붙여 넣기를 클릭한다.)

(4) 식당 후기들을 보며 나와 맞는 맛집인지 결정한다.

(5) 방문하기로 결정했다면 링크를 만들자.
　　- '경로' 버튼을 누르면 식당이 목적지로 자동 설정된다.

- 지하철을 이용해서 방문한다고 가정하고 역과 가장 가까운 중 샤오둔화역을 출발지로 입력한다.
- 출발지에 중샤오둔화역을 입력하면 목적지 아래 중샤오둔화역 글자가 나오는데 이것을 클릭한다.
- 오른쪽 지도 창에서 어떻게 걸어가야 하는지 경로가 나온다.
- 여러 가지 경로 중 가장 마음에 드는 경로를 클릭하자.
- 경로를 클릭하면 화면 상단에 시간이 보인다. 오른쪽에 3가지 아이콘을 발견할 수 있다. (첫 번째 아이콘은 '휴대전화로 경로 보내기'. 두 번째 아이콘은 '링크 보내기'. 세 번째 아이콘은 '출력하기')
- 첫 번째 아이콘 휴대전화로 보내기를 누르면 이메일로 보낼지 문자로 보낼지 선택할 수 있다. (단, 휴대전화로 보내기를 사용하려면 구글 사이트에서 로그인이 필요하다. 구글 아이디가 없는 분은 구글에 회원 가입 후 휴대전화로 보내기를 사용하자. 두 번째 아이콘인 '링크 보내기'는 구글 사이트에서 로그인을 하지 않아도 사용할 수 있다.)
- 두 번째 아이콘 링크 보내기를 누르면 링크를 복사해서 정리할 수 있다. 네이버 메일 혹은 다음 메일에서 내게 쓰기 버튼을 눌러서 정리해서 보낼 수도 있지만 필자는 카톡에서 자신에게 메시지를 보내서 정리하는 편이다.
- 세 번째 아이콘 출력하기는 '지도를 포함하여 인쇄'와 '텍스트만 인쇄'하는 방법이 있다. 구글 맵 정리가 귀찮다면 지도를 출력해서 가져가도 좋다. 하지만 링크로 정리해서 스마트폰으로

사용해야 나의 실시간 위치가 구글 맵에 보이기 때문에 링크를 정리하여 사용하는 것을 추천한다.

- 네이버 메일 혹은 다음 메일에 링크를 정리했다면 스마트폰에 서 네이버 어플 혹은 다음 어플에 접속하여 내가 정리한 링크 가 제대로 접속이 되는지 확인한다. (혹은 카톡으로 자신에게 메시지를 보내서 정리했다면 카톡에 정리된 링크를 클릭하여 제대로 접속이 되는지 확인한다.)

이런 식으로 구글 링크를 정리해 놓자. 그 후, 실제로 출발지에 도착하 면 스마트폰에 정리된 구글 링크를 클릭하면 출발지와 도착지가 설정되 어 있는 구글 지도 화면이 바로 떠서 이용하기 편하다.

또한 스마트폰 구글 지도에 나의 위치가 실시간으로 확인이 된다. 그래 서 이동하며 스마트폰 구글 지도를 보면서 내가 제대로 가고 있는지 확인 이 가능하다.

필자는 구글 맵 링크를 카카오톡 어플 '나와의 채팅' 창에 정리하여 카 카오톡 어플을 눌러서 바로 접속할 수 있게 정리하였고 해외여행 시 정말 편리하게 사용하였다.

스마트폰이 활성화되지 않았을 때 여행객들은 해외 국가 지도를 구매 하여 그 지도를 보면서 직접 다녔다. 공사를 해서 위치나 길이 바뀌는 경 우가 있고 자신의 위치를 파악하지 못해 엄청 불편을 겪는 경우가 많았다. 하지만 지금은 스마트폰이 활성화되어 구글 맵을 통해 쉽게 목적지를 찾아갈 수 있고 길을 잃어도 금방 원하는 장소로 이동할 수 있다. 해외 가기 전 꼭 국내에서 구글 맵을 사용하며 감을 익히자. 충분히 해외에서도 길을 쉽게 잘 찾아갈 수 있을 것이다.

비행기 타기 전후 이럴 때 스트레스 받는다,
준비해서 미리 예방하자

〈스마트폰 메모장에 내가 머무를 숙소 주소와 전화번호를
미리 저장해야 하는 이유〉

비행기를 타면 이륙한 이후 입국 신고서를 받는다. 이 입국 신고서에서 요구하는 정보를 적고 나중에 해외에 도착하면 입국 심사장에 제출한다. 입국 신고서에는 내가 머물러야 할 숙소 주소와 숙소 전화번호를 기재하는 칸이 있다. 비행기를 타면 알겠지만 비행기 안에서는 인터넷 사용이 금지된다.

비행기가 착륙한 이후 스마트 폰을 통해서 숙소와 숙소 전화번호를 찾아야 하는데 스마트폰의 좁은 화면에서 내가 결제한 사이트에 접속해서 아이디 비밀번호 누르고 로그인해서 마이페이지 들어가서 찾으려면 여간 짜증나는 일이 아니다. 호텔 주소는 영어로 써야 하고 호텔 전화번호

는 국제 번호로 기입해야 한다. 이런 것을 잘 못하는 어르신분들은 자녀분에게 전화를 해야 하는데 자녀분이 업무 때문에 바빠서 전화를 못 받을 경우 입국 심사장 근처에서 계속 기다리시며 스트레스를 더욱 크게 받으신다. 실제로 비행기를 타면 어르신들께서 입국 신고서 적는 것을 매우 어려워하셔서 승무원이 오랜 시간 동안 도와드리는 사례를 많이 목격할 수 있다.

내가 머물러야 할 숙소의 주소와 전화번호를 스마트폰 메모장에 미리 적어 놓거나 카톡에서 본인한테 보내 보자. 카톡에서 본인의 프로필을 누르면 나와의 채팅이라는 문구를 누르면 본인이 본인한테 메시지를 보낼 수 있다. 노부모님께서 여행을 가시면 숙소의 주소와 전화번호를 수첩에 미리 메모를 해 주시거나 노부모님 스마트폰 메모장에 저장을 해 드리는 것이 좋다.

비행기 타서 입국 신고서를 받았을 때 바로 적는 편이 좋다. 착륙한 이후에 정신없이 적다 보면 몇 가지를 빼먹고 적어서 입국 심사장에서 누락된 것을 지적받아 허겁지겁 작성하며 스트레스를 받을 수 있다.

이런 것은 작은 스트레스지만 쌓이다 보면 큰 스트레스로 번질 수 있다. 필자의 책을 보면서 꼼꼼히 준비하여 편하게 여행을 한다면 이성 친구와 해외여행을 갔을 때 큰 점수를 딸 수 있으며 지인과 여행을 갔을 때도 큰 점수를 따고 신뢰를 얻을 수 있다. 여행 가서 더욱 더 호감을 가지게 만드는 사람이 있고, 가지고 있던 호감도 떨어지게 만드는 사람이 있다. 꼼꼼한 준비로 나의 호감도를 올리자.

〈비행기 타서 주의해야 할 점〉

아주 드문 경우지만 항공기 좌석에서 노트북을 사용하는데 앞좌석 손님이 넘긴 의자에 모니터가 끼어서 액정이 부서지는 경우도 있다. 이럴 경우 항공사에 문의해도 승객과의 손해 배상 협의를 중재해야 할 의무도 없고 보상도 불가하다는 항공사의 입장이 있었다. 혹시 모르니 주의하도록 하자.

〈정리〉

- 다시 한번 강조한다. 입국이나 출국 시 기내용 가방에 액체를 넣지 않도록, 화물용 캐리어에 배터리 혹은 배터리가 내장된 제품이나 스프레이를 넣지 않도록 하자. 여행 가기 전날 짐을 싸는 경우가 있으나 귀국 시에는 여행으로 인한 피로로 귀국하는 당일날 아침에 짐을 싸면서 실수할 수 있다. 그러니 귀국 시에도 하루 전날 미리 짐을 싸자.

- 내가 머무는 숙소 주소와 숙소 전화번호를 스마트폰 메모장에 미리 기입하거나 카톡에서 본인에게 메시지를 보내자.

- 비행기 탔을 때, 앞에 앉은 사람이 의자를 뒤로 해서 나의 노트북이 파손될 수 있으니 주의해서 사용하자.

비행기 출발 시간이 빠를 때
찜질방과 밤샘 대신 이것

그토록 꿈에 그리던 여행 날짜가 잡혔다. 일정을 꽉 채워서 넉넉하게 놀고 싶은 마음에 아침 비행기를 예약했다. 그런데 시간이 아침에 일어나서 가기에는 너무 빠르다. 전철 첫차를 타고 가도 비행기를 탈 수가 없다. (적어도 2시간 전에는 티켓팅하는 곳으로 가야 한다. 아침 8시 비행기면 공항에 아침 6시에는 무조건 도착을 해야 한다.)

그래서 스마트폰으로 검색을 한다. 공항 근처 찜질방. 필자는 찜질방을 나쁘다고 주장하거나 비하할 의도가 없다. 필자 또한 평소에 찜질방을 자주 간다. 그러나 여행 가기 하루 전날 캐리어가 있으면 부피가 커서 보관하기 어렵다. 또한, 주변에 코를 고는 사람이 있으면 잠을 설치게 되고 땅바닥에서 자면 허리가 아픈 분들도 계신다.

공항 근처 모텔에서 묵자니 많이 묵어 봤자 8시간인데 하루 금액을 결제하자니 돈이 너무 아깝다. 아침에 일어나서 택시를 타고 가야 하는데 새벽이라 택시를 탈 수 있을지 걱정이 든다.

이럴 경우 공항 근처 캡슐 호텔을 이용하는 것이 도움이 된다. 보통 호텔이나 모텔은 1일치를 결제해야 하지만 특정 캡슐 호텔의 경우 하루 단위 결제가 아닌 12시간 결제도 가능하다. 캡슐 호텔 가격은 찜질방보다는 비싸지만 호텔이나 모텔보다는 저렴하다. 간단하게 아침도 제공하며 샤워 시설도 있기 때문에 씻고 갈 수 있어서 아침에 집에서 나온 것과 같은 상쾌함을 느낄 수 있다. 그래서 필자는 여행 가기 하루 전날 캡슐 호텔을 12시간 이용해서 큰 만족감을 느꼈다.

차를 렌탈하는 방법도 있다. 인천공항에 도착하여 지정된 장소에 주차하면 된다는 렌탈 회사도 있다. 하지만 렌탈은 기본적으로 차를 원래 빌렸던 장소에 가져다주어야 한다. 그래서 가격을 살펴보면 다시 차를 가져와야 하는 비용까지 청구되어 가격이 꽤 나온다.

콜밴을 이용하는 방법도 있다. 콜밴을 이용할 경우 관건은 거리다. 출발 장소에서 공항까지 얼마나 걸리며 요금은 얼마인지 확인해 봐야 한다.

그래서 각자 장단점을 살펴보고 본인의 상황에 맞게 현명한 선택을 하자.

〈정리〉

- 공항에는 늦어도 2시간 전에는 꼭 도착하자. (코로나 사태 종결 이후 PCR 검사 및 자가 격리가 아예 없다는 것을 가정한 기준)

- 찜질방 장점: 저렴한 가격, 목욕탕이 있으면 목욕도 할 수 있다.
  단점: 보관함이 적으면 캐리어 보관이 힘들다. 잘 때 주변에 코고는 사람이 있으면 잠을 설칠 수 있다. 바닥에서 자서 허리가 아플 수 있다.

- 콜밴 이용, 차 렌탈 장점: 집에서 아침 일찍 나올 수 있어서 편하다.
  단점: 공항으로부터 거리가 멀면 가격이 비싸다.

- 공항 근처 캡슐 호텔 장점: 공항 근처라 바로 나올 수 있다. 12시간 가격이 이용한 곳도 있어 가격이 저렴하다. 아침 제공이 되는 곳도 있어서 편하다. 아침에 샤워도 가능하다.
  단점: 캡슐 호텔이라 방음이 안 되는 곳이 있을 수 있어서 주변에서 코를 골면 잠을 설친다.

해외여행 준비 TIP 모음

같이 여행 가는 사람과 싸울 위험,
준비해서 점수 따자

여행 가면 싸우는 일들이 많다. 이기적으로 본인만 아는 사람이라면 그 사람과는 무엇을 해도 힘들다. 그렇지만 이기적인 성격이 아닌데 사전에 미리 얘기가 안 되어 있거나 하고 싶은 것이 서로 달라서 충돌이 일어나는 경우가 많다.

항상 중요한 것은 치료보다는 예방이다. 같이 여행 가는 사람과 싸우기 전에 미리 준비하자.

〈여행 일정을 미리 얘기해서 조율하기〉

어떤 분은 걸음이 빠르고 오래 걸을 수 있지만 어떤 분은 빨리 걷거나 오래 걷지 못할 수 있다. 이럴 때 걸음이 빠르고 오래 걸을 수 있는 분이 여행 계획을 주도하고 많은 곳을 돌아다니면 다른 분이 힘들어 할 수 있다. 차를 빌리던지 아니면 미리 이야기를 해서 여행 계획을 조율해야 한다.

여성분의 경우 쇼핑을 즐겨하지만 남성분의 경우 즐겨하지 않는 분도 있다. 실제로 쇼핑 센터 앞에서 커플끼리 싸우는 경우를 많이 목격할 수 있다. 그렇기에 구매하고자 하는 물품과 쇼핑 시간에 대해서 서로 이야기하고 사전에 동의를 구하며 조율해야 한다. 여성분이 쇼핑할 때 남성분은 근처 가고 싶은 장소에 가거나 카페에서 쉬다가 쇼핑이 끝났을 때 남성분이 쇼핑 센터로 오는 것도 좋은 방법이다.

여행 가기 전 간략하게 여행 계획을 정리해서 카톡으로 보내고 대화를 통해서 서로 조율하는 과정이 꼭 필요하다. 여행 가면 이런 점 때문에 싸우는 사람들이 많은데 혹시 마음에 들지 않는 부분이 있다면 솔직하게 이야기해 달라고 하는 것이 좋다. 바로 이야기하지 않아도 좋으니 천천히 얘기해 달라고 하자. 시간을 어느 정도 두고 일정을 하나씩 생각하고 상상하다 보면 분명히 서로 조율하고 싶은 부분이 생길 것이다.

만약 너무 취향이 다르면 여행을 가지 않는 것을 고려해야 한다. 여행 가서 서로 원하는 것만 하려고 할 경우, 크게 싸움이 나서 여행 자체를 망칠 수 있다.

〈기타 팁들〉

해외여행 가면 들뜬 마음에 평소에 많이 걷지 않는 사람도 2만 보에서

3만 보 넘게 걷는 경우가 있다. 이럴 경우 여행 동반자에게 피로 회복제나 발의 피로를 풀어 주는 패치를 제공해서 더욱 인연을 돈독하게 만들자. (후반 챕터에 나오니 꼭 읽어 보자.)

코를 골 때 잠을 잘 수 있을 정도로 작게 코를 고는 사람이 있는 반면, 엄청 크게 코를 고는 사람이 있다. 잘 때 코에 착용하면 코를 골지 않는 제품이 있다고 하니 코골이 방지 제품을 가져가는 것도 좋다. 코 고는 소리에 잠을 못 자는 것도 의외로 큰 스트레스다.

상대의 여행 취향을 만족시킬 수 있는 깜짝 선물을 준비하자. 작지만 큰 감동을 줄 수 있다. 아니면 연인이 갖고 싶었던 물품을 기억해 놨다가 깜짝 선물로 줘도 좋다.

술버릇이 있는 사람은 정말 조심해야 한다. 술버릇이 심한 사람은 같이 여행 가는 사람에게 술에 취했을 경우 사고를 치지 않게 해 달라고 미리 꼭 부탁을 해야 한다. 내가 들었던 최악의 사례는 연인끼리 여행을 갔는데 남성분이 술에 취해 전 여자친구 보고 싶다고 술주정을 해서 여성분이 큰 상처를 받았다는 이야기였다. 여성분은 남성분 옆에서 울면서 잠들었고 다음 날 아침 호텔에서 일어나자마자 귀국 비행기를 타고 한국으로 돌아왔다고 한다.

가장 중요한 것은 안전이다. 같이 간 사람이 곤란하거나 위험한 상황에 빠져서 도움을 요청하는 순간 멍 때리고 있으면 안 된다. 예를 들어 사슴

공원에 갔을 때 잘못하면 걷다가 사슴 똥을 밟을 수도 있고, 사슴에게 과자를 주면 다른 사슴들이 자기도 달라고 옷을 입으로 물고 당기는 경우도 있다. 이성 친구 혹은 같이 여행 가는 사람에게 호감을 얻고 싶은 중요한 해외여행이라면 내가 가는 장소에 어떤 위험이 있을지 생각해 보고 인터넷으로 검색해 보는 것도 좋다. 특정 나라의 경우 소매치기가 많거나 밤에 돌아다니기 위험한 국가가 있다. 그러니 잘 알아보고 여행 계획을 세워야 한다.

여행을 가게 되면 환경도 낯설고 긴장하기 때문에 같이 간 사람에게 온 신경이 집중될 수 밖에 없다. 이럴 때 준비를 잘 하면 점수를 따서 나에 대한 호감도를 크게 올릴 수 있다. 준비하지 않고 혹시나 실수한다면 상대를 엄청 화나게 하거나 짜증나게 하거나 실망시킬 수 있다. 중요한 여행일수록 필자의 책을 여러 번 읽으며 사소한 것들도 꼼꼼하게 준비하도록 하자.

〈정리〉

- 여행 계획을 세운 후 같이 가는 사람에게 카톡을 보내자. 전화하거나 만나서 마음에 들지 않는 부분에 대해서 솔직하게 이야기해 달라고 하며 일정을 조율해 가자.

- 상대의 여행 취향을 만족시킬 수 있는 깜짝 선물 혹은 평소에 연인이 가지고 싶었던 깜짝 선물을 준비하자. 작지만 큰 감동을 줄 수 있다.

- 잘 때 코를 곤다면 다른 사람을 위해서 코골이 방지 기구를 구입하여 가져가자.

- 술버릇이 있는 사람은 조심하자.

- 가장 중요한 것은 안전이다. 같이 간 사람이 위험하거나 곤란해서 도움을 청하면 바로 도와줄 수 있도록 어느 정도는 긴장하자. 여행 갈 장소에 대해서 미리 어떤 위험이 있을지 생각하고 인터넷으로 검색하는 것도 도움이 된다.

- 해외에 나가면 환경이 낯설기 때문에 같이 여행 간 상대에게 온 신경이 집중된다. 중요한 여행일수록 꼼꼼하게 준비하자.

해외에서 시차 적응 및 숙면하는 방법

〈시차 적응 방법〉

간혹 독자분들께서는 직장에서 밤에 근무를 하셔서 아침에 주무시는 분들이 있다. 그래서 해외여행 가서도 저녁에 잠을 자지 않고 깨어 있을까 봐 걱정을 한다. 또한 먼 나라로 여행을 가서 시차 적응을 어떻게 해야 될지 고민을 하시는 경우도 있다.

평소에 야간에 일하고 아침에 취침하는 사람이 아침 비행기를 탄다면 적당한 쪽잠을 자며 하루 정도 밤을 새는 것을 추천한다. 비행기 탔을 때 잠을 자거나(앞서 얘기했듯 이륙하거나 착륙할 때 졸면 항공성 중이염의 위험이 있으므로 주의) 호텔에 체크인해서 30분에서 1시간 정도 낮잠을 자는 것이다. (1시간 이상 자면 저녁에 잠이 오지 않을 수 있다. 스마트폰으로 알람을 맞춰 놓고 짧게 1시간 이내로 쪽잠을 자자.)아예 잠을 자지 않을 경우 피곤함 때문에 여행 첫날을 즐기는 것이 힘들다. 그렇기에 쪽잠을 자는 것이 필요하다. 이렇게 할 경우, 적당한 피로감을 가지고 첫날을 재밌게 놀다가 저녁이 되면 하루 동안 쌓인 피곤함 때문에 밤에 쉽게 잠들 수 있다.

다른 방법으로 16시간 단식을 한 이후 도착 시간대에 맞춰서 식사를 하는 방법을 추천한다. 하버드 대학의 과학자들이 추천하는 방법이다. 물을 제외한 16시간 단식을 하고 도착지 시간대에 맞춰 식사하면 생체 시계가 빠르게 적응된다고 한다. 만약 현지 시간으로 오후 5시에 도착하여 오후 6시에 식사할 예정이고 비행기는 12시간이 걸린다고 가정하자. 그렇다면 비행기 출발 3시간 전에 식사를 하면 된다. 나의 여행 상황에 맞춰 계산해서 16시간 단식을 해 보자.

〈숙면 방법〉

사람은 움직일 때뿐만 아니라 먹은 음식을 소화할 때도 에너지를 사용한다. 더군다나 단백질과 정제 탄수화물을 섞어 먹을 경우 소화가 어려워 더욱 많은 에너지를 사용한다. (복합 탄수화물=현미, 과일/정제 탄수화물=라면, 빵, 과자)뷔페에 가서 여러 가지 음식으로 배를 채우고 후식으로 디저트도 다양하게 먹으면 얼마 지나지 않아 갑자기 엄청 피곤한 경험을 느꼈던 적이 있을 것이다.

보통 여행 가면 아침 점심은 적당히 먹고 저녁에는 식사와 간식, 술까지 마시는 경우가 많다. 이렇게 저녁을 많이 먹으면 소화하는 데 에너지가 많이 쓰이면 숙면을 취하기 힘들다.

또한, 소화가 잘 안 되어서 자다가 위액이 올라와(역류성 식도염) 잠을 깰 수도 있다. 냉장고 옆에 소화제를 두자. 그래서 자다가 위액이 올라와서 깨면 소화제 2알과 물을 마시자. 금방 속이 가라 앉아서 다시 잠들 수 있다.

같이 여행 간 친구나 애인한테 혹시 오늘 많이 먹어서 속이 더부룩해서 자다가 잠이 깨면 냉장고 옆에 소화제를 두었으니 먹으라는 말을 건네 보자. 아니면 자기 전에 속이 더부룩한지 물어보고 그렇다고 하면 소화제를 건네 보자. 나를 참 센스 있는 사람으로 평가하게 될 것이다.

〈정리〉

- 해외여행 가기 전날 푹 자는 것이 좋지만 원래 저녁에 근무하고 아침에 취침을 취하는 사람이 다음 날 아침 비행기를 탄다면 그냥 하루 밤을 새자. 중간중간 쪽잠을 자서 피로를 누적시켜서 첫날 밤에 제대로 숙면을 취하자.

- 16시간 단식 후 식사를 하면 도착지 나라 시간대에 맞춰 식사를 하자. 생체 리듬을 그 나라에 맞춰 바꿀 수 있다.

해외여행 준비 TIP 모음

- 저녁을 많이 먹으면 소화시키는 것에 에너지가 많이 쓰여 숙면에 방해된다.

- 복합 탄수화물(현미, 통곡물)/정제 탄수화물(라면, 빵, 과자)

- 단백질과 정제 탄수화물을 섞어서 먹으면 소화가 잘 되지 않는다. 저녁에 정제 탄수화물과 단백질을 섞어서 먹으면 소화가 되지 않아 자다가 위액이 올라와 깰 수 있다. 소화제를 냉장고에 두자. 역류성 식도염 혹은 더부룩해서 잠이 깬다면 소화제 2알을 먹자. 편안하게 잠들 수 있다.

- 같이 여행 간 친구 혹은 애인이 음식을 너무 많이 먹었다고 생각하면 자기 전 소화제를 건내거나 냉장고 옆에 소화제 있으니 필요하면 먹으라고 말해 보자. 나를 참 센스 있는 사람으로 평가하게 될 것이다.

해외에서 너무 걸어서 피곤할 때

해외여행 커뮤니티 글을 보면서 여행 일정을 빡빡하게 세우는 사람을 이해할 수 없었다. 저렇게 많이 걸으면 여행이 아니라 극기 훈련이 되지 않을까 생각했다. 그래서 필자는 널널하게 계획을 잡고 적당히 걸으며 여유롭게 여행을 음미하고 싶었다.

그런데 막상 해외로 놀러 가면 처음 보는 풍경에 신기하기도 하고 재미있어서 계획한 곳보다 이곳저곳 많이 돌아다니게 된다. 그래서 스마트폰 헬스 어플을 보면 하루에 2만 5천 보에서 3만 보를 걸었다고 기록되어 있어서 당황했던 적이 있었다.

운동을 꾸준히 한 사람이라도 하루에 3~5시간 걸으면 피로가 누적될 수 밖에 없다. 그러다 보니 다음 날 아침 일어났을 때 걷기 힘든 경우가 있다. 이럴 경우를 대비해야 한다.

· 저녁에 피로 회복에 도움이 되는 제품을 먹자.

필자의 경우 자기 전에 마늘 진액을 먹으면 숙면을 취할 수 있고 피로
가 회복되어 도움을 많이 받았다. 마늘 진액을 먹기 힘들 경우 마늘환을
먹으면 도움이 된다. 여행 가서는 저녁에 야식을 먹는 일이 많으니 야식
을 먹은 이후 혹은 저녁을 먹은 이후 비타민 C를 먹어도 피로 회복에 도
움이 된다. 물론 사람마다 체질이 달라서 몸에 두드러기가 나거나 이상
증상이 생길 수도 있으니 여행 가기 일주일 전에 미리 복용하여 테스트를
해야 한다.

· 발패치를 사용하자.

자기 전에 발 패치를 붙이고 잠을 자면 다리 붓기 완화에 도움이 된다. 이
것도 마찬가지로 여행 가기 전에 본인에게 맞는지 테스트하고 가져가야 한
다. 체질에 따라 알레르기가 생길 수 있는데 해외에서 그럴 경우 여행에 방
해가 된다. 발패치로 유명한 제품이 '휴족시간'이다. 가까운 올리브영에서
구매 가능하다. 혹은 인터넷에서 검색해서 발패치 제품을 검색하면 좋은 제
품이 많으니 미리 구매해서 테스트하고 해외여행할 때 가져가서 사용하자.

· 쿠션이 좋은 신발을 신고 가자. 새신발이 이상이 없는지 미리 걸어서
확인하자. 그리고 예비 신발을 하나 더 가져가자.

필자는 디자인도 괜찮고 성능도 좋은 나이키 에어포스1 로우(올 백=하
얀색)를 추천한다. 이 제품은 워낙 인기가 좋다 보니 시간이 지나도 가격
이 내려가질 않는다.

예전에 나이키 에어포스를 신었는데 매우 만족해서 새로운 제품을 나이키 매장에서 구매하였다. 그런데 여행 가는 당일에 신고 걸으니 왼쪽 발등 부분이 꺾여서 통증이 느껴졌다. 혹시나 싶어 비행기 타기 전 벤치에 앉아서 확인해 보니 왼쪽 발등이 파여서 피가 났다. 다행히 그때 예비 신발을 하나 가져가서 그 신발을 신고 다녔는데 그 신발이 쿠션이 없다 보니 발이 매우 피로했던 기억이 난다.

여행이 끝난 뒤 매장에 가서 직원에게 불량을 주장하며 교환 신청을 하였다. 직원은 원래 그렇게 신는 거란 답변을 했다. 이전에도 신었는데 전혀 문제가 없었다고 얘기했는데 직원이 본인의 발을 보여 줬다. 발에 반창고가 있었다. 살짝 통증이 있어도 이렇게 신는 거라고 했다. 검수를 할 것이며 나중에 결과가 나오면 연락을 주겠다고 했다. 불량이 확인되었고 나중에 새제품을 받아 오랫동안 신었는데 전혀 문제가 없었다.

이렇듯 새로운 신발을 사면 30분에서 1시간 정도 먼저 걸어서 이상이 없는지 확인하고 여행에 가져가는 편이 좋다. 그리고 위와 같은 사례 혹은 여행 도중 신발이 망가지는 경우가 있을 수도 있으니 예비 신발을 하나 더 가져가자.

· 발 밑에 베개를 받쳐 심장 높이로 올리자.
저녁에 숙소로 들어오면 보통 티비를 보면서 휴식을 취하게 된다. 숙소에서 영화를 보거나 외국에서 나오는 외국 드라마 혹은 외국 방송을 보면서 휴식을 할 때 발의 피로를 푸는 방법을 소개한다. 발 밑에 베개를 받쳐 심장 높이로 올리는 것이다. 발을 심장 높이로 들어올리면 발에 고여 있던 혈액이 빠져나와 심장의 혈액 순환이 한결 원활해진다. 2시간에서 3시간이 적당하며 힘들 경우 한 번에 20분 정도로 나누어서 해도 괜찮다.

〈정리〉

- 저녁에 피로 회복에 도움이 되는 제품을 먹으면 숙면을 취할 수 있다.

- 발패치를 사용하여 붓기를 완화하자.

- 쿠션이 좋은 신발을 신고 가자. 여분의 신발 하나를 더 가져가자.

- 저녁에 숙소로 돌아오면 발 밑에 베개를 받쳐 심장 높이로 올려서 발의 붓기를 빼고 피로를 풀자. 2시간에서 3시간이 적당하며 힘들 경우 20분 정도로 나누어서 해도 괜찮다.

- 여행 가기 전에 미리 테스트하자.
  (1) 피로 회복에 도움이 되는 제품을 미리 먹어서 이상 반응이 없는지 확인한다.
  (2) 발패치를 미리 사용해서 피부에 이상 반응이 없는지 확인한다.
  (3) 쿠션이 좋은 신발을 구매하여 여행을 떠나기 전에 30분에서 1시간 정도 걸어 보며 이상이 없는지 확인한다.

해외여행 도중 치과 찾지 않으려면

〈올바른 치실 사용법〉

　해외여행을 가면 식사도 3끼를 먹고 식사 이후 간식까지 먹는 경우가 많다. 그래서 치아가 고르지 않는 분의 경우는 치아 사이에 음식물이 끼어서 고생을 하는 경우가 많다. 이럴 경우 치실을 사용하면 매우 도움이 된다. 물로 입을 헹구고 치실을 사용하여 치아 사이에 이물질을 제거하고 양치를 하면 치아가 매우 깨끗이 관리할 수 있다.

　필자는 평소에 치실을 사용하고 양치를 하여 치아를 관리하는 편이다. 그런데 문제는 해외에 가서 일어났다. 평소에는 식사만 하고 간식을 먹는 습관이 없는데 해외여행을 온 김에 식사를 하고 간식으로 젤리나 초콜릿, 사탕을 맛있게 먹었다. 먹은 이후 바로 치실을 사용하고 양치를 하는 습관이 있어서 치실을 사용했다.

젤리나 초콜릿, 사탕을 먹으면 치아 사이에 설탕이 끼게 되는데 먹고 난 이후에는 이에 낀 설탕의 강도가 단단해진다. 설탕의 강도가 강할 때 상대적으로 약한 치실을 사용하면 치실이 끊어져서 치아 사이에 낄 수 있다. 이렇게 치아 사이에 치실이 끼어서 너무 답답했다. 시간이 지나면 빠질 것이라고 생각했는데 하루가 지나도 빠지지 않아 답답한 마음에 치과를 검색했다. 하필이면 그때 휴무일이어서 문을 연 치과가 없었다.

그래서 가까운 매장에 들려 여러 가지 치실을 모두 구매했다. 그중 오랄비 치실을 사용하니 다행히도 치아 사이에 끼었던 치실이 빠지게 되었다. 치실이 치아 사이에 낀 찝찝함은 직접 경험해 보지 않은 사람이면 이해할 수 없다.

식사를 한 이후면 바로 치실을 사용해도 괜찮지만 설탕이 많은 간식을 먹었을 경우 양치부터 먼저 해서 설탕을 녹이자. 그리고 한 시간 정도 후에 설탕이 녹으면 치실을 사용해서 치아 사이에 낀 이물질을 제거하자.

〈통증이 있다면 미리 치료하고 가자〉

어느 날 금니를 한 어금니 부분에 갑자기 바늘로 찌르는 듯한 통증이 느낀 적이 있었다. '신경 치료까지 끝내고 금을 씌운 치아인데 설마 썩었겠어?'라는 생각에 치과를 가지 않았다. 그런데 통증이 불규칙적으로 반복되어 치과를 가서 엑스레이를 찍으니 치아가 썩어 있었다.

여행 갔을 때 치아 통증이 생긴다면 그것 또한 악몽이 될 것이다. 그러니 아픈 치아 부위가 있다면 해외여행 가기 전에 미리 치과에 가서 검사받고 치료를 받자.

물론 이 부분에 대해서는 치과 의사분마다 의견이 다르다. 조금 썩었을 때가 아니라 통증이 심할 때 찾아와야 된다는 치과 의사도 있다. 필자가 느낀 통증은 살짝 시린 정도가 아니라 누군가 정말 바늘로 찌른 것 같은 통증을 간헐적으로 느꼈다. 이럴 경우에는 치과에 가서 충치를 제거하고 새로운 금니를 씌우는 것이 좋다.

〈정리〉

- 치아 사이에 음식물이 자주 끼는 사람은 치실을 꼭 해외여행 때 가져 가자. 치아 사이에 음식물이 끼면 그 찝찝함 때문에 여행 기분을 망칠 수 있다.

- 식사를 한 이후에 치실 사용은 괜찮지만 설탕이 많이 들어간 간식을 먹은 이후에 치실 사용은 하지 말자. 설탕이 치아 사이에 끼어 설탕 강도가 단단하여 치실을 사용할 경우 끊어질 수 있다. 양치를 먼저 하고 1시간이 지난 후 치실을 사용하도록 하자.

- 신경 치료가 끝난 치아도 다시 썩을 수 있다. 살짝 시린 정도가 아니라 확실하게 통증이 느껴졌다 괜찮아지는 것이 반복되면 해외여행 가기 전 치과에 가서 진찰과 치료를 받아 보자.

해외여행 도중 다쳤을 때

〈치료보다 예방=필수 준비물〉

• 밴드, 해열제, 소화제, 붕대, 연고(광범위 피부 질환 추천 혹은 항생제 성
분이 들어 있는 연고), 지사제

해외에 가서 사면 되지 않냐라는 생각이 들 수 있다. 그러나 해외여행
갔을 때 다치면 정신이 하나도 없다. 말이 잘 통하지 않는 외국에서 본인
이 어떻게 아픈지 설명하는 것도 힘들고 한국과는 다르게 약국 문을 빨리
닫는 국가들도 많다. 이럴 경우 응급실에 가서 비싼 금액을 지불해야 한
다. 그러니 위 준비물은 꼭 가져가는 것이 좋다.

광범위 피부 질환 연고(에스로반)를 가져가면 정말 편하다. 풀독이 오
르거나 알레르기로 가렵거나 햇빛을 오래 쐬어서 붉게 트러블이 나거나

벌레에 물려서 가렵거나 할 때 바르면 좋다. 광범위 피부 질환 연고라서 상처가 났을 때도 바를 수 있다. 넘어지거나 다쳐서 피가 나면 이 연고를 바르고 밴드를 붙이자.

또한, 음식이 상하거나 비위생적이어서 설사가 계속 나오는 경우도 있을 수 있다. 이럴 때 화장실을 잘 사용할 수 없는 나라일 경우 굉장히 곤란한 상황이 올 것이다. 그럴 경우는 별로 없겠지만 혹시 모르니 지사제를 가져가는 것이 좋다.

〈해외여행 시 병원에 가서 진료를 받거나 약국에 가서 약을 사야 할 때〉

해외에서 현지 언어를 할 수 있으면 좋겠지만 대부분 그렇지 못하는 경우가 많다. 스마트폰에 네이버 파파고 어플을 미리 설치하자. 어플에 접속해서 번역이 필요한 국가를 설정하고 나에게 필요한 문장을 입력하면 자동으로 번역이 된다. 번역된 문장을 의사 또는 약사한테 보여 주면서 진찰을 받고 나에게 필요한 약을 구매하자.

의사나 약사에게 처음 대화를 시작할 때부터 '대화가 필요하니 컴퓨터에서 구글 번역 사이트에 접속해 주세요.'라는 번역된 문장을 보여 주자. 필자가 앞에서 언급한 항공성 중이염에 걸렸을 때 너무 아파서 영어가 잘 생각나지 않았다. 약국에서 파파고 어플로 번역된 문장을 스마트폰으로 보여 주니 약사는 컴퓨터로 구글 번역 사이트에 접속하여 필자에게 번역된 한국어 문장을 보여 주었다. 그렇게 서로 대화를 주고 받으며 필요한 약을 구매하였고 약을 복용하니 다행히 하루만에 잘 나았다.

아니면 간단하게 영어로 얘기해도 좋다. 여행 영어를 사용하는 가장 쉬운 방법을 챕터 2에서 다룰 것이다. 본인이 영어로 말을 하나도 못 한다고 해도 괜찮으니 꼭 읽어 보자. 나에게 필요한 간단한 영어만 사용할 줄 알면 세계 어느 곳에서든 의사 소통이 가능하다.

〈어려운 일을 겪었는데 어떻게 해결해야 될지 도저히 감이 잡히지 않을 때〉

해외에 방문하기 전에 미리 관련 국가 여행 커뮤니티(네이버 혹은 다음)에 가입을 하자. 매니아들만 모인 곳이다 보니 커뮤니티에 숨어 있는 고수들이 많다. 어떻게 해야 될지 감도 잡히지 않은 어려운 일을 겪었을 때 스마트폰으로 게시판에 글을 올리면 회원들이 바로 답변을 해 준다. 만약 해외여행을 가서 다쳤는데 휴일이라면 문을 연 병원을 찾기가 어렵다. 본인이 있는 위치를 설명하고 응급실이 있는 병원은 어디인지 혹은 휴일에도 문을 여는 병원이 어디인지 질문 게시판에 글을 올리면 회원분들이 바로 답변을 해 줄 것이다.

〈해외에서 교통사고가 난 경우〉

• 사과를 할 경우 본인 잘못을 인정하는 것으로 여겨져 과실을 따질 때

불리할 수 있다.

- 일단 상대가 얼마나 다쳤는지 부상 여부부터 확인해야 한다.

- 절대 임의로 판단하지 말자. 현장을 벗어나면 뺑소니 혐의를 뒤집어 쓸 수 있다.

- 증거부터 확보해야 한다. 스마트폰을 사용해 차량 번호판과 사고 부분을 촬영하자.

- 상대에게 자신의 연락처를 제공해야 하고 나 또한 상대의 연락처를 받아야 한다.

- 또한, 지나가는 행인이 사고 장면을 목격했다면 그 목격자에게 다가가서 도움을 구하고 연락처를 받아야 한다.

- 외교부 해외 안전 여행 어플을 미리 다운받아 놓자.
  현지 경찰서 번호를 알 수 있고 사건 장소 촬영과 녹취 기능을 사용할 수 있다.
  의료비가 필요할 경우는 신속 해외 송금 지원 서비스를 이용할 수 있다.

- 영사 콜센터 전화번호: 822-3210-0404(유료), 800-2100-0404(무료)

〈여행자 보험 가입〉

• 4박 5일이어도 실속형으로 가입하면 1만 원도 되지 않는 상품도 있다. 보장 범위를 모두 풀로 채워도 3만 원 이내인 경우도 있다. 그러니 마음에 드는 여행자 보험을 가입하고 마음 편하게 여행을 다녀오자.

• 병원에 갔을 때 꼭 영수증을 받아 오자. (보험사마다 요구하는 서류가 다를 수 있으니 꼼꼼하게 읽어 보고 병원에 갔을 때 필요 서류를 받아 오자.)

해외여행 도중
여권, 지갑, 스마트폰을 잃어버렸을 때

〈해외에서 여권 분실했을 경우〉

• 여권은 분실했을 경우 위조 및 변조되어 범죄에 악용될 수 있으니 주
의해야 한다. 그러니 분실했다면 바로 영사 콜센터로 전화해서 영사
관 위치를 확인 후 방문하여 여행용 임시 증명서를 발급받자. [영사
콜센터 번호: 822-3210-0404(유료), 800-2100-0404(무료)]

• 영사관이 멀다면 바로 가까운 현지 경찰서에서 여권 분실 증명서를
발급받자.

• 분실을 대비해서 여권 복사본과 여권 사진 2장을 짐에 보관하는 것이
좋다.

〈해외에서 지갑을 잃어버렸을 경우〉

* 외교부 해외 안전 여행 어플을 설치했다면 신속 해외 송금 지원 서비스를 받을 수 있다.

* 필자의 경우 해외에서 출금 가능한 체크카드를 화물용 캐리어에 보관한다. 물론 그 체크카드와 연결된 통장에는 비상금으로 사용할 수 있는 금액 이상으로 넣지 않는다. 내가 그 카드를 분실했을 때 누군가 사용할 수 있기 때문이다. 지갑을 잃어버렸을 경우에는 스마트폰을 통해 가족에게 알려 그 카드에 연결된 계좌로 돈을 부쳐 달라고 부탁할 것이다. 요즘 이런 보이스 피싱이 많기 때문에 혹시나 해외에서 지갑을 잃어버렸을 경우 이 계좌로 부쳐 달라고 부탁할 것이라고 가족들에게 미리 얘기하는 것이 좋다.

〈해외에서 물품을 잃어버렸을 경우〉

* 현지 공항에 도착했는데 나의 물품이 보이지 않는다. 항공사에서 내 물품을 분실한 것 같다면(물론 이런 경우는 흔하지 않다.) 화물 인수증(Claim tag)을 해당 항공사 직원에게 제시하고 분실 신고서를 작성하자. 공항에서 짐을 찾을 수 없다면 항공사에 배상 책임이 있다.

* 현지에서 여행 중에 물품을 분실했을 때는 현지 경찰서에 잃어버린 물품을 신고하자. 신고 후에 도난 신고서를 발급받을 수 있다. 해외

여행자 보험에 가입한 경우, 귀국 후에 현지 경찰서에서 받은 도난 신고서를 제출하면 보험 회사에서 규정에 따라 처리해 줄 것이다.

〈해외에서 스마트폰을 잃어버리거나 파손되었을 때〉

혼자 여행을 갔을 때 이 경우가 가장 난감한 경우다. 항상 스마트폰을 들고 다니기 때문에 잃어버리는 경우는 거의 없지만 파손되서 작동이 안 되는 경우가 있을 수 있다. 혹시 모르니 대비해 놓자.

• 해외여행 시 태블릿 피씨나 노트북을 가져가는 것도 좋은 방법이다. 카톡이나 이메일을 보내서 가족이나 지인에게 상황에 대해서 얘기를 하며 도움을 청하자. 태블릿 피씨나 노트북이 있다면 카톡으로 보이스톡을 할 수 있다. 마이크 기능이 있는 이어폰으로 보이스톡을 하거나 대화하면서 문제점을 해결할 방법을 찾을 수 있다. 단, 태블릿 피씨나 노트북에 피씨용 카톡을 미리 깔고 로그인해서 PC 인증까지 미리 받아 놔야 한다. 왜냐하면 PC 인증을 하지 않은 상황이라면 스마트폰으로 인증 번호를 입력해야 로그인할 수 있는 경우가 생길 수 있기 때문이다. 태블릿 피씨나 노트북을 해외여행 시 들고 다니다가 잃어버릴 것 같으면 호텔 카운터에 맡기거나 에어비앤비 숙소에 두고 가자.

• 머무는 숙소 관리자(호텔이면 직원, 에어비앤비면 호스트) 전화번호는 수첩이나 종이 쪽지로 따로 메모해 놓자. 위급 상황 시 숙소 관리

자에게 전화해서 도움을 받자. 잘 모르겠다고 하면 영사 콜센터 전화 번호로 전화해서 분실한 스마트폰을 찾는 방법, 혹은 해외여행 때 사용할 저렴한 공기계 핸드폰을 구매할 방법을 찾자. [영사 콜센터 번호 822-3210-0404(유료), 800-2100-0404(무료)].

- 해외여행 시 필자의 책을 들고 가는 것이 가장 좋은 방법이다. 영사 콜센터 번호가 적혀 있기 때문에 전화할 수 있고, 다치거나 교통사고 가 나는 상황이 발생할 경우 필자의 책을 읽으며 대응할 수 있다. 필 자의 책 빈 공간에 머무는 숙소 관리자(호텔이면 직원, 에어비앤비면 호스트) 전화번호를 미리 적어두고 해외여행 시 가져가자.

- 스마트폰을 잃어버렸을 때 해외에서 한국으로 전화를 하는 방법은 다음과 같다.
예시) +82 10-0000-0000
　　(1) +는 국제 전화 접속 번호로 0을 길게 누르면 된다.
　　(2) 82는 한국의 국가 번호다.
　　(3) 휴대폰 번호 혹은 지역 번호 앞자리에 0을 제외하고 입력
　　　하자.

　가족 전화번호가 010-1234-5678이라면 0을 길게 누르고 한국 국가번호 82를 누르고 1012345678을 누르고 통화 버튼을 눌러서 전화하면 된다.

챕터 2
더욱 만족스러운 해외여행에 필요한 심화 정보

이 책의
백미는 지금부터

~~~~~~~~~~~~~~~~~~~~~~~~~~~~~~~~~~~

게임도 어떤 부분이 재밌는지 알고 해야 더욱 재밌고 고급 음식
도 알고 먹으면 더욱 맛있다. 마찬가지로 해외여행을 통해서 무
엇을 얻을 수 있는지 정확히 알게 되면 스스로 적극적으로 준비
하게 되며 준비에 투자하는 시간이 많아진다. 투자하는 시간이
많아지는 만큼 더욱 알찬 해외여행을 즐길 수 있고 그에 따라 예
전에는 경험하지 못했던 큰 행복을 느끼게 된다.

필자는 서문에서 필수 정보뿐만 아니라 심화 정보 또한 다룬다
고 서술하였다. 이 책의 백미는 지금부터 시작되니 집중해서 잘
읽어 보길 바란다.

평범한 해외여행이 아닌 '잘 준비된 해외여행'을 통해서 무엇을
얻을 수 있는지 앞으로의 내용을 읽어 보며 곰곰이 생각하고 상
상하는 시간을 가지자. 여러분들이 세상을 바라보는 시각이 완
전히 바뀔 수 있고 그에 따라 여러분들의 인생이 바뀔 수 있다.

~~~~~~~~~~~~~~~~~~~~~~~~~~~~~~~~~~~

다양하고 신선한 자극이 중요한 이유,
나만의 안테나로 해마를 활성화시키자

'오늘도 너무 힘든 하루였어.'

직장 생활 혹은 학교 생활을 하고 집에 돌아오면 파김치가 된다. 숨 막히고 힘든 일상이 반복되면 행복한 감정을 느끼고 활력이 넘치는 시간이 그리워진다. 그렇다면 어떤 것을 해야 행복한 감정을 느끼고 활력이 넘치게 될까? 누구나 다 이것에 대한 주관적인 정답을 가지고 있다. '그래. 시간이 나면 이걸 해 봐야지.'

그러나 실제로 내가 원하는 것을 해도 크게 만족스럽지 않다. 원하는 것을 모두 해 봐도 별로 재미가 없다. 그렇다면 무엇이 정답일까?

필자는 글 쓰는 것과 말하는 것에 소질이 있다 보니 주변에 고민을 상담하는 사람들이 많다. 그래서 다양한 사람들과 친해진 후 평소에 그들이 어떻게 쉬면서 스트레스를 해소하고 에너지를 충전하여 행복하고 활력이 넘치는 하루를 보내는지 물어보곤 했다.

그중 사교성이 특히 좋은 지인들이 있는데 그들은 공통적으로 항상 새롭고 다양한 경험을 하였고 특히 해외여행을 자주 가곤 했다. 그들에게 조언을 구해 보면 대부분 공통적으로 다음과 같이 이야기했다.

'항상 원하는 것만 하지 말고 여러 가지를 다양하게 경험해봐. 막상 별로일 것 같다고 생각한 것도 직접 경험하다 보면 생각이 바뀔 수 있어. 여러 가지를 다양하게 경험하면서 신선하고 다양한 자극을 받아야 삶에 활력이 생겨.'

그 조언을 듣고 내가 별로라고 생각한 것, 혹은 귀찮다고 생각한 것을 직접 실천하고 경험해 보며 평가해 보았다. 예상대로 별로인 경우보다 '괜찮은데?'라는 느낌이 들며 생각이 바뀌는 경우가 더 많았다.

보통 사교성이 좋은 지인들은 인기도 많지만 자신이 성공하길 원하는 분야에 대한 능력 또한 출중한 경우가 많았다. 이런 이들을 일컬어 옛날에는 '엄친아(엄마 친구 아들)', 요즘에는 '인싸'라고 부른다. 이런 사람들과 이야기를 나누다 보면 어릴 적부터 여러 가지 경험들을 다양하게 해보며 직접 정답을 찾는 것을 즐기는 경우가 많았다. 특히 그들은 정기적으로 해외여행을 자주 다녀왔다. 그래서 필자 또한 '해외여행도 가 보고 여러 가지 경험들을 다양하게 해 보는 것이 중요하구나.'라는 생각을 막연하게 했다.

그러나 이 막연한 생각은 『해마』라는 책을 보면서 완벽하게 맞는 말이라는 것을 깨달았다. (일본의 두뇌 연구자인 이케가야 유지 박사와 카피라이터 이토이 시게사토가 대담 형식으로 집필한 책이다.)뉴턴이 중력의 법칙을 발견한 이후 막연했던 자연 현상을 완벽하게 이해하고 과학을 더욱 발전시켰듯이 필자 또한 막연하게 좋다고 생각했던 것들을 완벽하게 이해하고 발전시킬 수 있었다.

-『해마』 이케가야 유지, 이토이 시게사토-

우리의 뇌는 많은 정보가 흘러들어 와서 모두 해마로 보내진다. 해마는 들어오는 정보들 중에서 필요하다고 생각되는 것은 기억하고 그렇지 않은 것은 버려 버린다. 그렇기 때문에 해마에서 처음으로 기억이 만들어진다고 하는 것이다. 그렇기에 해마의 신경 세포를 늘리면 많은 정보들 중에서 기억하는 것이 늘어나고 버리는 것이 줄어들어 영리해진다.

여행을 삶의 활력소로 삼든 무엇으로 삼든 신선하고 다양한 자극을 많이 받자. 그렇게 신선하고 다양한 자극을 받으면 해마의 신경 세포가 발달되어 기억력이 향상되고 머리가 좋아진다. 여행은 뇌를 단련시킨다. 즉, 자극을 받는 일은 휴식이자 단련인 것이다.

사람은 자극에 따라 총명해지기도 하고 멍청해지기도 한다. 병상에서 천장만 바라보는 단조로운 생활은 해마의 기능을 약하게 만든다. 보통 사람보다 택시 기사의 해마가 더 컸고, 50년 이상 일한 택시 기사의 해마가 제일 컸다. 젊다고 무조건 똑똑한 것이 아니다. 새로운 자극에 노출되어 있는 사람은 입력을 주관하는 해마에 항상 많은 자극을 받아서 해마가 커지고 정보를 처리하는 능력이 향상되어 선순환이 지속된다.

해마의 신경 세포와 매력은 정비례한다. 적어도 사랑을 하면 예뻐진다는 말은 해마의 발달로 설명이 가능하다. 사랑을 하면 예뻐진다는 이야기는 아마 해마에게 큰 자극을 주기 때문이 아닌가 싶다.

뇌의 완고함을 경계하라. 어느 회사에서 신속한 물건 조달이 특기인 사람이 있었는데 인터넷 쇼핑이 발달되면서 그 사람이 쓸모없어지게 되었다. 미국의 헐리우드는 막다른 길에 다다를 때 항상 새로운 방법을 모색해 왔다. 인생도 공부도 어떤 방법이 막히면 그걸 버리고 새로운 방법으로 활로를 열어 갈 생각을 해야 한다.

쥐는 스트레스를 느낄 때 위궤양이 생긴다. 쥐의 해마를 파괴하면 쥐는 엄청난 스트레스를 받는다. 반대로 해마가 발달하면 스트레스도 적어지고 위궤양도 호전된다. 사람 또한 마찬가지다. 출세욕을 위해 주변 사람들과 싸우면서 구토증에 시달린 사람이 있는데 이민 가서 다른 환경에서 살다 보니 인생관이 바뀌고 사는게 즐거워졌다고 한다. 스트레스는 새로운 환경에 대해서 얼마나 잘 적응하고 대응할 수 있는가에 달려 있다. 해마는 새로운 환경이 스트레스가 아니라고 우리에게 전해 주는 역할을 한다. 유연함과 적응력이 필요한데 우리는 자극을 잘 받아들 일 수 있는 안테나를 가지고 있어야 한다. 우리에게 이런 안테나가 없다면 자극이 해마에 제대로 전달되지 않을 것이다.

앞의 문구들을 보면 깨달을 수 있는 것들이 많을 것이다. 그렇다. 사교성이 좋고 머리가 좋아서 다양하고 신선한 자극을 추구하는 것이 아니라 다양하고 신선한 자극을 받기 때문에 사교성이 좋아지고 머리가 좋아지는 것이었다. (또한 스트레스도 적어지고 활력도 생긴다!)물론 그들이 타고난 부분도 있겠지만 다양하고 신선한 자극을 받으면서 사교성이 좋아지고 머리가 좋아질 수 밖에 없는 환경을 만들어 갔던 것은 분명하다.

휴식을 취할 때 새롭고 다양한 자극을 받는다면 스트레스가 해소되고 삶의 활력이 생기는 것뿐만 아니라 해마의 신경 세포가 발달되어 머리가 좋아져서 자신이 원하는 분야에서 성공할 확률도 높아진다. 그냥 단순히 놀면서 스트레스를 풀고 좋은 시간을 보내는 것이 아니라 두뇌 계발에도 도움이 되는 것이다. 필자는 이 점이 정말로 놀라웠다. 『해마』 책 저자들의 말대로 신선하고 다양한 자극은 휴식이자 단련인 것이다! 이 점에서 그냥 단순히 노는 것과는 확연하게 구분이 된다.

신선하고 다양한 자극을 받는 것은 해외여행을 가서 받는 것 뿐만 아니라 평소에 주말이나 휴일을 즐길 때도 잘 준비해서 받을 수 있다. 앞서 말했듯 보통 사교성이 좋고 머리가 좋은 사람들은 특히 해외여행을 자주 간다. 그들이 해외여행을 통해서만 신선하고 다양한 자극을 받는 건 아니지만 해외여행을 일종의 도화선(Fuse=폭약이 터지도록 불을 붙이는 심지=사건이 일어나게 된 직접적인 원인)으로 사용하는 것만은 분명해 보였다. 연인과 이별했을 때 혹은 너무 힘들 때 자신을 위로하기 위해서 해외여행을 가고, 소중한 사람들과 좋은 추억을 만들기 위해서 해외여행을 가며 때로는 위로받고 때로는 즐겁고 행복한 감정을 느꼈다. 그런 후 일상으로 돌아와 힘을 내어 앞으로 전진해 갔다. 또한 예전에 했던 선택과는 다른 선택을 하며 자신의 삶을 바꿔 갔다.

그들에게 해외여행을 다녀와서 어떤 점이 좋았는지를 물어보면 해외여행을 통해 새롭고 다양한 경험들을 하면서 스트레스가 풀리고 무언가 시야가 넓어지는 느낌이 든다고 공통적으로 이야기했다. 예전에는 이해가 되지 않았지만 이제야 정확하게 이해가 됐다. 다양하고 신선한 자극을 받아 해마가 커지면서 정보를 처리하는 능력이 향상된 것이다.

필자는 이러한 점을 깨달았고 해외여행에 대한 만족도가 높은 사람들의 사례를 모아 정리하고 실천했다. 필자의 스타일에 맞는 해외여행을 다니면서 정말 만족스러웠고 좋은 추억을 만들 수 있었다. 30대 중반의 나이지만 20대보다 체력도 더 좋아지고 머리도 더 확실히 좋아진 느낌이 든다. 앞서 얘기한 것처럼 다양하고 신선한 자극을 받아 해마가 커지면서 정보를 처리하는 능력이 향상된 것이다.

목표를 이루기 위해 열심히 노력하고 효율적으로 노력하는 것은 정말 중요하다. 하지만 그만큼 다양하고 신선한 자극을 받으면서 해마를 발달시켜 정보를 처리하는 능력을 향상시키고 에너지와 활력을 넘치게 만드는 것도 정말 중요하다.

해외여행을 무조건 자주 간다고 해서 사교성이 좋아지고 머리가 좋아지는 것은 아니다. 한 번의 해외여행을 가더라도 잘 준비해서 나에게 맞고 내가 원하는 경험들을 통해 다양하고 신선한 자극을 받는 것이 중요하다. 잘 준비해야 앞서 말한 것처럼 평소에도 다양하고 신선한 자극을 얻기 위한 도화선으로 사용할 수 있다. 그 경험을 통해 평소에도 다양하고 신선한 자극을 얻는 것의 중요성을 깊이 깨닫고 예전과는 다른 생각과 행동을 할 수 있다. 예전과는 다른 또 다른 나로서의 삶이 시작되는 것이다.

필자의 책을 읽으며 해외여행을 '제대로' 준비한다면 신선하고 다양한 자극을 많이 받을 수 있다. 이 책을 집필하는 현재 아직 코로나가 종결되지 않아 해외여행을 가는 것이 쉽지 않다. (출판된 이후에는 꼭 코로나가 종결되어 예전처럼 자유롭게 해외여행을 가는 날이 찾아왔으면 좋겠다.) 하지만 필자의 책을 읽고 쉬는 날에 비슷한 취미에 하나씩 적용하면 감을 잡아갈 수 있을 것이다.

이런 과정들을 거쳐 가면 스트레스가 해소되고 삶의 활력이 생기는 것은 물론 두뇌의 해마도 자극되어 두뇌 능력 또한 향상된다. 두뇌 능력이 향상되고 활력도 생기기 때문에 본인이 추구하는 목표를 달성할 확률 또한 높아지는 것이다. 잊지 못할 좋은 추억을 만드는 것은 덤이다.

필자가 제시하는 다음 글들을 읽어 보며 해외여행을 제대로 준비해 보자. 해마 책에서 말했던 것처럼 자극이 해마에 제대로 전달될 수 있는 나만의 안테나를 만들 수 있을 것이다. 이 안테나를 통해 독자 여러분들의 인생이 바뀔 수 있다.

활력이 넘치고 행복을 느끼는
그들의 비밀 안테나

(1) 첫 번째 안테나, 나의 음을 알아주는 사람

〈해외여행을 통해 '나의 취향에 맞는' 외국인 친구를 사귀어 보자〉

　지음= 나의 음을 알아주는 사람. (知: 알 지, 音: 소리 음)

　소리를 알아듣는다는 뜻으로 자기의 속마음을 알아주는 친구를 이르는 말이다. [중국 춘추시대 거문고의 명수 백아(伯牙)와 그의 친구 종자기(鍾子期)와의 고사(故事)에서 비롯된 말.]

　필자는 행복한 인생을 사는 것에 관심이 많아서 행복을 주제로 다루는 책들을 많이 읽어 보곤 했다. 필자 또한 돈이 많으면 행복할 것이라고 생각했지만 책에서 실시한 연구 결과는 의외였다. 의식주가 충족되지 않을 정도의 돈이 없다면 행복 지수가 낮았다. 하지만 의식주가 충족될 정도의 돈만 있다면 그 이후로는 다른 요소에 의해 행복이 결정되었다. 대부분의 행복을 주제로 다루는 책들은 거의 모두 '대인 관계'를 행복의 가장 중요한 요소라고 주장하였다.

'지금 대인 관계 유지하는 것도 힘들어서 외국인 친구는 더욱 생각이 없다.'

이런 생각을 가질 수 있다. 하지만 필자가 왜 소제목에 '나의 취향에 맞는'이라는 문구를 넣었는지 생각해 보자. 인기가 많고 능력이 좋은 '인싸'들이 하는 취미 활동을 억지로 따라 하라는 것이 아니다. 요즘 유행하는 것을 따라 하라는 것도 아니다. 대인 관계를 위한 대인 관계를 만들 필요는 없다. 자신의 코드에 잘 맞는 사람과 인연을 만들면 된다.

자신과 잘 맞는 사람과 보내는 시간이 지루할 수는 없다. 누군가와 만나는 것이 지루하거나 싫다면 그 사람과 맞지 않는 것일 뿐 대인 관계 자체를 싫어하는 사람은 없다. 인간은 사회적 동물이기 때문이다. 정말로 인연을 만들고 싶지 않다면 자신의 취미 분야를 더욱 새롭고 다양하게 즐기기 위한 형식적인 대인 관계만 만들어도 좋다. 자신과 잘 맞는 사람과 조금씩 교류하다 보면 생각이 점차 바뀔 것이다.

행복을 느끼는 분야와 좋아하는 분야는 각자 주관적이다. 취미가 동일한 외국인 친구를 만나서 서로 정보를 공유하고 같이 취미 활동을 경험하다 보면 내가 좋아하는 분야를 즐길 때 더욱 다양하고 신선한 자극을 받을 수 있다. 또한, 좋아하는 분야가 같다 보니 어느 정도는 서로 코드가 맞는 경우가 많다.

독자분들도 아시다시피 같은 분야라도 나라마다 서로 비슷하면서도 다르다. 한국 옷 스타일과 화장이 일본 옷 스타일 화장과 다른 것처럼 말이다.

스타일이 좋고 꾸미는 것을 좋아하는 여성분이면 취미가 비슷한 외국인 친구를 사귀며 각 나라의 유행이나 스타일을 서로 공유할 수 있다. 게임을 좋아하는 남성분이라면 취미가 비슷한 외국인 친구를 사귀며 같이 게임을 즐기거나 각 나라의 유행 게임들이나 게임 정보들을 서로 공유할 수 있다. 또한 그 나라에서만 즐길 수 있는 취미 활동 장소와 취미에 관한 정보를 쉽고 빠르게 접할 수 있다. (스타일로 치자면 쇼핑몰 장소와 그 나라에서 현재 유행하는 옷 스타일, 게임으로 치자면 게임 명소 및 그 나라에서 현재 유행하는 게임)이런 정보는 외국인 친구를 만들지 않는 이상 얻기 어렵다. 게임이나 패션 스타일뿐만 아니라 낚시, 등산, 맛집 탐방, 드라이브, 요리 등 어떤 취미라도 마찬가지다.

또한, 내가 외국에 놀러 가면 외국인 친구가 나를 에스코트해 줄 수 있고, 외국인 친구가 한국에 놀러 오면 내가 에스코트해 줄 수 있다. 필자는 맛집 다니는 것을 좋아하는데 오사카에 사는 일본 친구 덕에 매우 만족스러운 일본 여행을 즐겼고 일본 친구 또한 한국에 놀러 왔을 때 필자 덕분에 매우 만족스러운 한국 여행을 즐겼다.

이렇듯 '나의 취향에 맞는' 외국인 친구를 사귀며 서로 정보를 공유하고 같이 경험하며 자신이 좋아하는 분야를 즐길 때 더욱 다양하고 신선한 자극을 받을 수 있다.

　게임으로 비유하자면 내가 정말 좋아하는 게임의 확장팩 버전을 플레이하는 느낌을 받거나 쇼핑으로 비유하자면 평소에 즐겨 찾던 쇼핑몰이 확장 공사를 하여 더욱 커진 느낌을 받는다고 표현할 수 있다.

　원어민만큼 100% 원활한 의사 소통이 조금 안 될 수 있지만 외국인 친구를 만든다는 것은 확실히 매력적인 일이다. 각자의 나라에 놀러 올 때 서로 에스코트하는 것뿐만 아니라 맛있는 과자나 라면, 소소한 선물을 서로 택배로 주고 받으며 소소한 행복을 느낄 수 있다. 코로나로 외국으로 가는 길이 막힌 지금, 필자는 외국인 친구들과 서로 과자, 라면 등 소소한 선물을 택배로 서로 주고받으면서 우정을 쌓아 가고 있다.

　본인은 외국어도 못하고 대인 관계도 좋지 못해서 걱정이 되는 독자분들이 계실 것이다. 걱정하지 말고 필자의 글을 천천히 읽어 주시길 바란다. 필자가 제시하는 것들을 하나씩 살펴보고 실천하다 보면 외국인 친구를 만드는 것은 의외로 매우 쉽다는 것을 알게 될 것이다.

〈라인 메신저 통역 기능을 사용하여 외국인과 대화하기〉

　외국어를 할 줄 모르는 상황에서 외국인 친구와 대화하는 가장 좋은 방법은 라인 메신저의 통역 기능을 활용하는 것이다.

첫째, 친구 찾기에서 큐알 코드를 활용하자.

라인 메신저의 경우 한국 버전과 외국 버전이 다르다. 그렇기 때문에 친구 찾기 버튼을 누르고 아이디나 전화번호로 검색을 하면 검색이 되지 않는 경우가 있다. 아이디로 검색을 하려면 내 스마트폰에 외국 버전 라인 메신저를 설치해야 하는데 굉장히 번거롭다. 그렇게 하지 않고 바로 추가할 수 있는 방법이 있다. 큐알 코드를 활용하는 것이다.

외국인 친구와 어느 정도 대화를 나눠서 친해지고 라인 아이디를 받는 순간이 온다고 가정하자. 내 라인 메신저를 키고 친구 찾기 버튼을 누른 후에 큐알 코드를 누르면 사진 찍는 화면이 나온다. 외국인 친구 또한 스마트폰으로 라인 메신저를 키고 친구 찾기 버튼을 누르게 하자. 그 이후 둘 중 한 명이 '내 QR 코드 버튼'을 눌러서 큐알 코드를 만들고 나머지 한 명이 큐알 코드를 스캔하면 바로 친구 아이디가 검색된다. 검색되면 친구 추가를 하자.

둘째, 라인 메신저 통역 기능을 사용하자.

라인 메신저에서 친구 추가 버튼을 누르면 '추천 공식 계정' 이라는 문구가 보인다. 추천 공식 계정 오른 쪽에 '전체 보기'를 누르자. 공식 계정 왼쪽에 돋보기 모양을 누르고 '통역'이라고 검색을 하자. 현재 라인 메신저에서는 일본어, 중국어(간체, 번체), 영어 통역을 지원하고 있다. 필요한 통역을 클릭 후 '추가' 버튼을 누르면 해당 통역 아이디가 내 친구 리스트에 추가된다. [공식 계정에 추가된다. 예시) LINE 일본어 통역, LINE 중국어(번체) 통역]

친구 프로필을 누르고 '대화' 버튼을 누른 후, 오른 쪽 위 설정 버튼을 누르고 '초대' 버튼을 눌러서 통역 아이디를 클릭 후 오른쪽 위 '초대' 버튼을 누르자. 그 이후 내가 한국어를 입력 하면 외국어로 번역된 문장이 나오고, 외국인 친구가 외국 말을 입력하면 한국어로 번역된 문장이 나온다. 일본어의 경우 대부분 정확하게 의미 전달이 된다. 중국어의 경우 한자어라서 조금 딱딱한 느낌으로 번역이 되지만 의사소통에는 문제가 없다. 외국어를 몰라도 이런 식으로 외국인 친구와 즐거운 대화를 나눌 수 있다.

셋째, 중요한 말을 전달하며 오해를 피하고 싶다면 문장을 거듭 수정한 이후 보내자.

아무래도 통역 인공지능이 아직까지는 부정확하다 보니 서로 오해를 하는 경우가 생길 수 있다. 아니면 외국인 친구가 한 말이 무슨 말인지 이해가 안 가거나 내가 한 말을 외국인 친구가 이해하지 못하는 경우도 생긴다. 이것을 방지하는 방법이 있다.

친한 친구 혹은 가족에게 라인 어플 설치 및 회원 가입을 부탁하자. 친구 혹은 가족 라인 아이디와 필요한 나라 통역 아이디를 초대하여 대화방을 만들자. 그렇게 대화방을 만들면 그 대화방 안에는 3명의 아이디가 존재하게 된다. (나, 친구 혹은 가족 아이디, 통역 아이디)

그 방에서 내가 한국어로 문장을 입력하면 외국어로 번역이 될 것이다. 한국어 문장 밑에 번역된 외국어 문장이 나온다. 그 외국어 문장을 복사 붙여 넣기해서 그 방에서 다시 입력하면 다시 한국어로 번역이 될 것이다. 외국어 문장 밑에 번역된 한국어 문장이 나온다.

이런 식으로 내가 보낸 문장을 외국어로 바꾸고 다시 그 외국어 문장을 한국어로 바꾸다 보면 무언가 의미 전달이 잘 되지 않는 문장이 있을 것이다. 그러면 내가 쓰는 한국어 문장을 좀 더 쉽게 표현하는 문장으로 바꿔서 입력하며 수정을 거쳐 보자. 계속 수정하다 보면 내가 전달하고자 하는 문장이 완벽하게 만들어진다.

친구 혹은 가족이 라인 메시지가 계속 와서 불편하다면 라인 어플 설치 및 회원가입 후에 아이디만 알려 주고 라인 어플을 삭제해 달라고 얘기하면 된다.

한국어와 일본어는 어순이 같음에도 불구하고 위 문장처럼 해 보면 의외로 번역이 잘 안 될 때가 많아서 놀라는 경우가 많다. 그래서 필자는 일본인 친구와 이야기하며 중요한 문장을 전달할 때는 위와 같은 순서를 거쳐서 표현을 한다.

현재 라인 메신저 어플을 설치했고 친구 혹은 가족 아이디와 본인 계정과 LINE 일본어 통역 아이디로 3개의 라인 아이디가 참가한 대화방을 만들었다면 그 대화방에서 '재미없지 않아.' 라는 문장을 적어 보자. '재미없어.'라는 문장의 일본어로 번역이 되어 당황스러울 것이다. 일본인이 "왜 이렇게 답장이 늦어? 나랑 대화하는 거 재미없어?"라고 장난스럽게 얘기했을 때 본인이 "재미없지 않아."라고 얘기하면 "재미없어."로 번역되어 큰 오해를 불러일으킬 수 있다. 그러므로 문장을 적을 때 이중 부정은 사용하지 않도록 하자. "아니. 재미있어."라고 얘기했으면 그대로 번역이 되었을 것이다. ('재미없지 않아.'는 번역이 잘못되는데 '돈이 없지 않아.'는 번역이 잘된다. 어떤 문장이 잘못 번역될지 모르므로 이중 부정은 사용하지 않도록 하자. 지금 이 책을 집필하고 마무리하는 시점이 2022년 봄인데 라인 통역 아이디가 모든 이중 부정 표현이 제대로 번역될 수 있도록 빠른 업데이트가 되기를 바란다.)

별 것 아닌 것 같지만 특별히 친해지고 싶거나 중요한 사이가 되었을 때는 이런 식의 정성을 들이면 더욱 깊은 관계로 발전할 수 있다.

〈해외여행을 통해 외국인 친구를 만든 사례〉

[첫째 사례-오사카 오락실을 휩쓴 철권 고수 친구]

친구와 같이 오사카를 여행을 갔다. 여행 가기 전 필자는 친구에게 외국인 친구를 사귄 과정과 해외여행 영어를 사용하는 방법을 알려 주었

해외여행 준비 TIP 모음

다. (여행 영어를 사용하는 방법은 챕터 후반에서 다룰 것이다.)

오사카 덴덴타운 주변으로 오락실을 모두 다녀 봤는데 확실히 일본 오락실이 한국 오락실보다 게임의 종류가 다양했고 최신 기계들이 훨씬 많았다. 철권 고수였던 내 친구는 영화 관상에서 이정재가 처음 등장하는 비범한 표정으로 철권 기계 앞에 앉았다. 그리고 30분 동안 상대의 도전들을 모두 이겼다. 그렇게 연승을 달리던 도중 임자를 만나게 된다. 그 남자에게 계속 졌던 것은 아니고 승과 패를 반복해 갔다. 30분쯤 되자 친구는 지쳤는지 게임을 일부러 져 주었다.

그리고 친구는 그 남자에게 다가가서 필자가 알려 준 대로 여행 영어를 사용했다. '나도 철권을 잘하는 편인데 당신도 정말 잘한다. 내가 못하는 캐릭터를 굉장히 잘하니 친하게 지내고 싶다.'고 간단하게 영어를 사용해서 얘기를 건넸다. 처음에는 그 남자가 영어를 잘 못해서 당황해했다. 하지만 친구는 아주 쉬운 영어를 사용하며 서로 영어로 대화를 나누었다. 서로 쑥스럽게 라인 아이디를 추가했고 친구는 필자와 여행을 같이 하는 도중에도 라인 메시지를 주고받으며 그 남자와 많은 이야기를 나누었다. 둘은 절친이 되어 지금도 연락하고 있고 컴퓨터 혹은 플레이스테이션(게임기)을 통해 같이 게임을 즐기고 있다.

같은 취미를 공유하는 외국인 친구를 만나면 뭔가 같으면서도 다른 정보와 느낌을 받을 수 있다. 일본에서 흥행하는 게임이 있고, 한국에서 흥행하는 게임이 있다. 서로 정보를 공유하면서 같이 취미를 경험하다 보면 확실히 자국 친구들에게서 얻을 수 없는 특별함과 재미가 있다. 필자는 이종격투기를 좋아하는 편인데 코로나가 풀리면 해외 이종격투기 도장에 가서 친구를 만들고 서로 스파링을 하고 기술을 공유하며 좋은 추억을 만드는 것을 계획 중이다.

[둘째 사례-홍콩에서 패션 친구를 사귄 여사친]

여자 친구가 아닌 친구인 여자를 여사친(여자 사람 친구의 줄임말.)이라고 부른다. 필자와 절친인 여사친은 평소 패션에 관심이 많으며 옷을 굉장히 잘 입는다. 해외여행을 처음 가 본다며 필자에게 조언을 구했고 외국인 친구를 사귀는 과정과 여행 영어를 사용하는 방법을 알려 주었다. (차후 편의상 여사친을 친구라고 표현하겠다.)

패션에 관심이 많은 친구에게 필자가 추천한 도시는 홍콩이었다. 홍콩은 중국어를 간체와 번체 중 주로 번체를 주로 쓴다. 홍콩은 특히 쇼핑하기에 좋은 도시다. 전체 길이 1㎞에 달하는 쇼핑몰이 있는 하버시티, 화장품과 가죽 소품 브랜드 제품 등 다양한 제품이 있는 레이디스 마켓, 보통 복합 쇼핑몰과 다르게 독특하고 감각적인 느낌을 받을 수 있는 퍼시픽 플레이스 등이 있기 때문에 패션을 좋아하는 사람이라면 꼭 가 봐야 할 도시가 홍콩이다. 홍콩의 야경 또한 정말 아름답다.

친구는 여행 도중 계속 필자에게 카톡을 보냈다. 이런 곳을 알려 줘서 너무 고맙다는 이야기와 홍콩에서 직접 찍은 사진이었다. 앞에서 언급한 장소뿐만 아니라 호텔에 입점한 패션 브랜드 매장 또한 매우 많아서 패션에 관심이 많은 내 친구는 하루가 1초처럼 지나갔다고 한다.

친구는 카페에서 본인처럼 옷을 잘 입는 여성 2명을 만났고 필자가 알려 준 대로 간단한 영어로 말을 걸어서 그 여성들과 대화를 나누며 친해졌다. 서로 옷을 찍은 사진을 보여 주면서 한국에서 유행하는 스타일, 홍콩에서 유행하는 스타일에서 이야기를 나누고 서로 좋아하는 연예인에 대해서 수다를 떨었다. 나중에는 더욱 친해져서 서로 좋은 남자를 소개팅시켜 주는 자리까지 만들었다.

이렇게 동성 외국인 친구를 만들면 관심 있는 정보를 서로 공유하는 것뿐만 아니라 좋은 이성을 소개팅 받을 수 있어서 좋고, 혹시나 그 나라 외국인 이성 친구를 사귀거나 썸을 탈 때 도움을 받을 수 있어서 좋다.

사람마다 다르긴 하지만 일본 사람의 경우 답장을 정말 느긋하게 하는 편이다. 성격이 급한 한국인은 그래서 일본인과 사귀거나 썸을 탈 때 답장이 늦는 것에 대해서 답답해하거나 제안을 거절하거나 나와 가까워지고 싶지 않다는 의미로 받아들이는 경우가 많다. 일본에 가서 마음에 드는 여자에게 라인 아이디를 받아서 잘 안 풀리는 것 같아 힘들어하는 내 친구에게 일본인은 답장을 느긋하게 하는 편이니 느긋하게 생각하라는 조언을 해 주었다. 친구는 한결 마음을 편안하게 먹었고 천천히 매너 있게 구애를 하여 결국 교제에 성공하게 되었다.

반대로 필자가 경상도 사람을 사귀는 외국인 친구에게 조언을 주는 경우도 있었다. 경상도 사투리는 강세가 강하고 속도가 빨라서 가끔 화가 나는 듯한 말투로 들리는 경우가 있다. 그래서 외국인이 경상도 사투리를 들었을 때는 내가 무언가 잘못한 게 있거나 본인이 마음에 들지 않아 화를 낸다는 오해를 하는 경우가 있었다. 외국인 친구에게 경상도 사투리의 특성에 대해서 잘 이야기를 해 주었고 외국인 친구는 오해를 풀게 되었다.

필자가 친구들에게 여행 영어와 외국 여행을 할 때 외국인 친구를 사귀는 방법을 알려 주니 필자가 외국인 친구를 만들고 친구들이 외국인 친구를 만들어 인맥이 더욱 넓어졌다. 그래서 위와 같은 식으로 건너건너 도움을 받고 교류할 수 있는 경우가 생겨서 매우 좋았다.

[셋째 사례-외국인 이성 친구 교제에 성공했던 친한 동생]

친한 동생: 형. 아까 카페에서 긴 생머리 여자 기억 나요? 정말 이쁘
　　　　　더라구요.
필자: 아, 그 이목구비 뚜렷하고 피부 하얀 여자 말하는 거지? 아까
　　　봤는데 진짜 이쁘더라.

친한 동생과 함께 일본 교토의 단풍을 보러 놀러 갔던 적이 있다. 교토 호텔에서 첫날 밤 친한 동생이 필자에게 그날 점심 오사카 카페에서 봤던 아르바이트생 이야기를 하였다. 그 여성을 보며 정말 행복했다는 이야기

를 하길래 필자는 이런 경험도 해외여행의 묘미라고 미소 지으며 이야기 하였다. 하지만 그 여성을 다시 보러 가자는 동생의 이야기에 처음에는 매우 난감했다. 동생과 함께 묵었던 지역은 교토여서 오사카와 거리가 좀 있고 이미 4박 5일 동안의 계획을 잡아 놨기 때문이다.

　동생에게 진지하게 '조금 호감이 가는 정도냐? 아니면 정말 이상형으로 생각하며 진지하게 만나고 싶은 거냐?'고 물었다. 동생은 진지하게 만나고 싶다면서 필자에게 양해를 구했다. 그래서 필자는 알았다고 말하며 나는 혼자 예정된 스케줄대로 움직일테니 너 혼자 오사카에 가서 그 여성의 라인 아이디를 받으라고 했다. 동생은 이런 느낌이 처음일 정도로 이상형이라면서 많이 떨려서 실수를 할 수 있으니 필자와 같이 가자고 설득을 하였다. 필자는 그럴 수 없다고 냉혹하게 거절하였다. 그러자 동생은 집념이 담긴 눈빛으로 오늘 점심에 먹었던 야끼니꾸(일본의 소고기)를 남은 4일 동안 계속 사 주겠다며 필자를 유혹하였다. 그 말을 들은 순간 필자의 동공이 흔들렸다. 일본 소고기는 마블링이 뛰어나고 방문했던 식당의 소스 또한 맛있어서 점심에 야끼니꾸를 먹을 때 일주일 연속으로 먹고 싶다는 생각이 들었기 때문이다. (일본의 소고기는 황우와 흑우로 나누어진다. 또한 일본에서 자란 소만 와규라는 이름을 쓸 수 있다.)

　소고기에 흔들린 필자는 흑우를 먹기 위해 호구가 되어 동생에게 조언을 시작했다. 이성으로 호감을 표현할 경우 남자 친구가 있으면 라인 아이디를 주지 않을 수 있으니 일단 친한 친구로 지내자는 계획을 세웠다. 동생은 필자보다 영어를 잘하지만 상대가 영어를 못할 수 있으니 쉬운 영어를 천천히 사용하라고 조언하였다. 필자와 동생은 매일 카페에 가서 여러 가지 디저트와 음료수를 마시며 그 여성분과 조금씩 쉬운 영어를 천천히 사용하며 대화를 나누었다. 맛있는 음료수와 디저트를 추천해 달라고 부탁하기도 했고 친구들에게 선물할 만한 카페 선물 제품을 추천해 달라고 부탁하기도 했다. 계속 대화를 나누다 보니 그녀는 동방신기 팬이어서 동방신기 콘서트를 보기 위해 한국에 온 적이 있다고 하였다. 일본 여행 마지막 날까지 부담 없이 편안하고 재밌게 대화를 해서 다행히 그녀의 라인 아이디를 받을 수 있었다. 그날 나와 동생과 여성분, 총 세 명이 대화하는 라인 대화방을 만들었다.

 하늘이 도왔는지 필자가 동방신기 팬이었다. 동방신기가 초창기 활동할 때부터 팬이어서 팬만 알 수 있는 숨겨진 명곡부터 어떻게 일부 멤버가 동방신기를 나갔으며 나간 멤버들로 구성된 JYJ와 동방신기가 각자 어떻게 활동하는지도 잘 알고 있었다. 그녀는 일부 멤버가 나간 이후 시절부터 동방신기를 좋아해서 초창기 완전체 동방신기 시절 노래는 잘 알지 못했다. 필자는 동생에게 동방신기의 역사와 숨겨진 명곡을 알려 주었다. 나와 동생과 그녀가 있는 라인 대화방에서 동생이 동방신기의 숨겨진 명곡을 이야기하자 그녀가 기뻐하며 오늘 하루 종일 이 노래만 들었다며 좋아했다. (추천한 노래는 정규 3집 〈세상에 단 하나뿐인 마음〉이라는 노래다. 추후 일본 버전으로도 리메이크되었고 일본 버전 제목은 〈You're My miracle〉. 남자가 무슨 아이돌 노래냐고 할 수 있지만 인간은 타인의 시선 때문에 맛볼 수 있는 행복을 많이 놓치고 산다. (다음 챕터에서 타인의 시선 때문에 놓치는 행복에 대해서 자세히 다룰 것이다.)동생은 팝송만 듣지만 이 노래를 알려 주자 아이돌 노래가 이렇게 좋을 수 있냐며 많이 좋아했다. 필자도 동생도 친한 지인도 이 노래를 처음 들은 이후 100번 이상 반복해서 들었을 정도로 좋으니 지금 옆에 스마트폰이 있다면 검색해서 들어 보는 것을 추천한다. 성인으로서의 삶을 시작하는 한 남자가 한 여자를 진심으로 사랑하는 노래다. 가사가 좋아 팬들 사이에서도 인기가 많다.

3명이 있는 라인 대화방에서 친한 동생과 여성분은 서로 동방신기에 대해 대화를 많이 나누었고 필자는 관심 없는 척하면서 화내는 이모티콘을 사용하며 동방신기 얘기 그만해라. 둘이서 따로 동방신기 얘기하라고 장난스럽게 이야기하였다. 그렇게 자연스럽게 동생은 여성분과 둘이서 이야기를 시작하였다. 대화를 나누면서 친해지자 그녀가 남자친구가 있다는 것을 알게 되었다. 그런데 시간이 지나며 그 남자친구가 여성분에게 소홀해하였기에 여성분이 많이 힘들어했다는 것을 알게 되었다. 그래서 동생은 그 여성분과 자주 이야기를 나누고 힘들 때 한국 혹은 일본에서 서로 만나면서 즐거운 시간을 보냈다. 서로 소소한 선물도 택배로 주고 받으며 우정을 쌓아 갔다. 남자친구가 여성분에게 소홀하며 결핍을 줄 때 친한 동생은 그 여성 곁에 머물며 결핍된 부분을 메꾸어 주었고 결국 그 여성분은 남자친구와 헤어지고 필자와 친한 동생과 교제를 하였다.

친한 동생에게 도움을 줄 때 필자가 일본인 친구가 있는 것이 많이 도움이 되었다. 일본인은 답장이 느린 편이고 아르바이트를 할 때 스마트폰을 사용하는 것을 엄격하게 금지하는 편이다. 그래서 둘이서 라인 메시지를 주고 받을 때 읽고 나서 답장을 안 할 때도 차분하게 기다리라고 조언하였다. 만약 이런 정보가 없었다면 조바심 내서 실수를 하거나 집착해서 관계를 망쳤을 위험도 있다. 앞서 언급했듯이 나라마다 문화가 다를 수 있기에 외국 이성을 사귈 때 그 나라 외국인 친구가 있으면 많은 도움이 된다.

그 외에도 필자에게 도움을 받아 해외여행 도중 이상형에게 용기 있게 다가가서 마음에 든다고 말하며 라인 아이디를 받거나 수줍게 이야기해서 라인 아이디를 받은 지인들도 있다. 과거에 오사카에서 술을 한잔하자며 얘기했다가 거절당하자 욕을 하는 일부 잘못된 한국 남성들 사례가 인터넷 기사에 올라왔던 적이 있다. 술을 하자는 것은 잠자리를 하자는 식의 가벼운 만남을 돌려서 말하는 것인데 이런 식의 잘못된 접근이 아니라 진지하게 접근하는 것은 괜찮다. 진지하게 접근하여 이야기하면 문제될 것이 전혀 없으며 상대가 나를 마음에 들어한다면 라인 아이디를 알려줄 것이다. 실제로 교제에서 결혼까지 이어지는 한일 커플은 이런 식으로 이어지고 있다. 그러니 혹시 정말로 마음에 드는 이상형을 해외여행 도중 만난다면 주저하지 말고 접근해서 대화를 나눠 보자.

낯선 이성에게 말을 거는 것이 잘만 된다면 세계적으로 유명한 로맨스 영화 〈비포 선라이즈〉를 볼 때처럼 기분 좋은 일이지만 막상 실제로 접해 보면 많은 용기를 필요로 하는 일이다. 이것에 관심이 많은 독자분들도 있기에 다음 챕터에서 좀 더 자세하게 다루도록 하겠다.

[넷째 사례-에어비앤비 모임을 통해 친구 만들기]

에어비앤비 사이트에 가면 요리, 요가, 운동 등 다양한 모임들이 많다. 각자의 취향에 맞는 모임을 선택하고 결제하여 참가해 보자. 외국에서 사람들과 모여 자신이 원하는 취미 활동을 하는 것은 특별한 추억을 만드는 일이다. 자신이 좋아하는 취미를 즐기면서 외국인 친구도 만들 수 있는 좋은 기회다. 또한, 에어비앤비 사이트에서 결제를 하여 누가 참가했는지 기록이 남기 때문에 어느 정도 안전성이 보장되는 면도 있다.

자신의 모습을 사진 촬영하는 것은 괜찮지만 타인의 모습이나 타인의 물건을 촬영하는 것은 사전에 동의를 구해야 한다. 동의를 구해서 타인 혹은 타인과 함께 사진을 찍으며 좋은 추억을 남기자. 어느 정도 모임 사람들과 친해진 이후에는 서로 라인 아이디 혹은 페이스북이나 인스타그램 아이디를 주고 받아서 모임이 끝난 이후에도 연락을 계속 이어 나가자. 그렇게 대화를 하다 보면 좋은 외국인 친구를 만들 수 있다. 차후 더욱 친해지면 만나면서 더욱 좋은 추억을 만들 수 있다.

《영어 왕초보도 사용할 수 있는 여행 영어 핵심 원칙》

'저는 영어 회화를 아예 할 줄 모릅니다.'

걱정하지 않아도 된다. 필자도 간단한 프리 토킹만 가능한데 여행 가서 영어로 의사 소통하는데는 크게 문제가 없는 편이다. 필자보다 훨씬 영어를 못하는 내 친구들도 필자에게 여행 영어를 배워서 외국인 친구를 만드는 데 성공했다. (또한, 외국인 이성 친구까지 사귄 친구도 있다.)알파벳만 읽고 말할 줄 아는 사람이라도 영어를 사용할 수 있도록 여행 영어를 사용하는 핵심 원칙에 대해서 다뤄 보고자 한다.

〈영어를 잘하는 사람들의 진실〉

항공 업계 취업 학원을 운영하는 선생님에게 취업한 제자들이 찾아왔다. 제자들은 어제 업무를 진행하며 외국인과 대화를 했던 이야기를 나눴다. 제자들의 이야기를 듣고 선생님께서 깜짝 놀라 말씀하셨다.

선생님: 어? 너네 영어 아예 못 하잖아?
제자들: (웃으며)어차피 쓰는 영어 문장만 써서 괜찮아요.

이 에피소드가 외국어를 잘 하는 사람들의 진실을 잘 보여 주는 사례라고 생각한다. 외국어는 어릴 적 두뇌가 말랑할 때 익히거나 아니면 성인이 돼서는 밥만 먹고 외국어에 투자하지 않는 이상 원어민처럼 듣고 말하기 힘들다.

위 2가지 경우를 제외한다면 영어를 잘 하는 것처럼 보이는 사람들은 '자주 쓰는 표현'만 영어로 말할 줄 알고 그 이외에는 잘 이야기하지 못하는 것이 진실이다.

해외여행 준비 TIP 모음

방송에 나와 한국어를 유창하게 하는 외국인들도 실제로는 한국인들이 빠르게 얘기하거나 연음, 강세, 복잡한 문장, 관용어, 속어를 사용하면 거의 알아듣지 못한다고 한다. 한국어를 유창하게 하는 외국인들은 한국에 살면서 한국어를 많이 듣고 읽고 말하기 때문에 방송에 나와서 한국어를 어느 정도 유창하게 하는 수준까지 올라온 것이다. 그 유창한 수준은 자주 쓰는 문장까지만이다. 예를 들자면, '신라 시대에 알에서 태어난 박혁거세'라는 문장은 한국인은 무슨 말인지 금방 알지만 어느 정도 한국어를 할 줄 아는 외국인은 거의 못 알아듣는다. 자주 쓰는 문장이 아니기 때문이다.

영어를 사용하는 직업을 가졌거나 영어권 국가에 살고 있다면 영어에 많은 투자를 할 수 있겠지만 우리는 각자 본업이 있기 때문에 많은 시간을 영어에 투자하기 어렵다.

그렇다면 어떻게 해야 할까? 내가 투자한 인풋에 대해서 최고의 아웃풋을 낼 수 있는 방법을 가장 효율적인 방법을 지향해야 한다. 그 방법은 무엇일까?

필자는 두 가지 방법이 가장 효율적이라고 생각한다.

첫째, 내가 필요한 문장이 무엇인지 생각해서 정리하고 그 문장부터 익힌다.

사람들은 영어를 배울 때 책 한 권, 영화 한 편 등을 익히는 것을 목표로 한다. 하지만 영어를 사용하는 직업이 아니거나 영어권 국가에서 살지 않으면 자주 사용하지 않거나 필요 없다고 생각이 드는 문장은 반드시 까먹게 된다. 그래서 최소한의 투자로 최대한 결과치를 내려면 '내가 필요한 문장'부터 익혀야 한다. 그러니 내가 필요한 문장이 무엇인지 생각하고 정리해서 그 문장부터 익히자.

언제 사용할지 모르는 문장이 아니라 내가 필요한 문장부터 익히게 되니 더욱 집중하게 된다. 해외여행 가서 본인과 잘 맞는 외국인 친구를 사귄다고 상상해 보자. 외국인 친구와 함께 외국의 유명 장소를 놀러 가거나 같이 취미를 즐기며 행복을 느끼는 자신의 모습을 상상하자. 이런 상상을 하면 기대감과 설레임 때문에 더욱 더 열심히 노력하게 되어 필요한 문장들을 빠르고 쉽게 익힐 수 있다.

둘째, 완벽한 1개의 문장을 익히는 것이 아닌 쉽고 편하게 말할 수 있는 100가지 문장을 익히는 것을 목표로 하자.

문법에 맞지 않게 얘기해도 된다. 중요한 것은 상대가 나의 말을 얼마나 잘 이해하는지다. 1개의 문장을 완벽하게 얘기하는 것이 아니라 100가지 문장을 불완전하더라도 쉽고 편하게 얘기하는 것이 중요하다. 내가 영어를 사용하는 직업을 가지거나 영어권 국가에 산다면 이 정도 수준에서 그치면 안 되지만 해외여행을 가거나 외국인 친구를 만드는 수준이면 막힘없는 콩글리쉬면 충분하다.

이 2가지를 통해 필자는 어느 정도 막힘 없는 콩글리쉬를 사용할 수 있

해외여행 준비 TIP 모음

게 되었다.

　필자는 외국에 가서 많이 겪어 볼 상황이나 혹은 외국인 친구를 사귀고 외국인 친구와 친해지는 데 필요한 문장들을 생각하고 워드 파일이나 한글 파일에 적은 후 파파고나 네이버 영어 사전을 참조하여 쉬운 문장으로 변환하였다. 그래서 어느 정도 문장이 쌓이면 정말 대화한다고 상상하며 말하는 연습을 했다. 그리고 친구를 만나 카페에서 서로 영어로 대화하며 연습을 했다. 그 이후 어느 정도 자신감이 붙어서 영어 회화 모임에 참가하였다. 모임에 참가할 때마다 '이 문장을 영어로 얘기 하고 싶은데 어떻게 해야 할까?'라는 문장이 생겼고 그 문장을 메모해서 영어로 바꾸며 익혔다. 이렇게 영어 실력을 쌓다 보니 점점 자신감이 붙었고 성취감도 느껴졌다.

　사람들은 영어를 투자하면서 성취감이 없기 때문에 그만 두는 경우가 많다. 투자를 해도 내가 영어를 어느 정도 사용한다는 느낌을 받지 못하기 때문이다. 그러나 필자처럼 본인이 필요하다고 생각하는 문장부터 시작하여 단계적으로 빌드업을 해가면 성취감도 느끼고 자신감도 생긴다.

　이렇게 쉬운 영어로 어느 정도 계속 얘기할 수 있다 보면 그 때 좀 더 고급스럽게 영어로 말하고 싶다는 욕심이 든다. 그 때 책이나 영화를 보면서 본인의 표현들, 발음, 강세 등을 업그레이드해 가면 된다.

〈나에게 필요한 영어 문장을 하나씩 간단하게 만들어 보자〉

(1) 해외 호텔에서 숙박할 때 열었던 창문이 닫히지 않은 경우

'내 방에 창문이 안 닫혀서 그러는데 직원을 불러올 수 있을까요?'를 영어로 얘기해 보자.

한국어로 한 문장이라고 해서 꼭 영어로 한 문장으로 얘기할 필요는 없다. 한 문장으로 표현하기가 어려울 경우 아래와 같이 나누어서 얘기하면 된다.

'난 창문을 닫을 수 없다. 사람 좀 보내 줘.'
I/can´t close/the window. Send/me/someone/please.

전문적으로 원어민처럼 얘기할 수도 있겠지만 위 문장처럼 말만 통하면 된다.

예일대 유학생들이 뽑은 20년 연속 최고의 강의. 미국 예일대 영어 커뮤니케이션의 대가 윌리엄 반스 교수는 영어로 말 할 때 주어를 어느 정도 통일해서 이야기하는 것을 추천한다. 글과 다르게 말은 주어가 자주 바뀌면 이해가 힘들다는 것이다. 주어를 어느 정도 통일시킨다면 내가 집중해야 할 것은 '동사가 영어로 무엇인지.'다. 그러면 좀 더 영어로 말하기가 쉬워진다. 위 상황에서 주어를 어느 정도 통일시켜서 얘기해 보면 아래 문장처럼 얘기할 수 있다.

> → I/can´t close/the window. I/need/staff. can you/visit/my room?(I need staff 대신 I need your help라고 간단하게 얘기해도 된다.)

(2) 패스트푸드점에 갔는데 피클 알러지가 있어서 피클을 빼고 주문하고 싶은 경우

첫째, 한국어로 생각해 보며 간단하게 여러 문장으로 나누어 보자.
→ 나는 피클 알러지가 있어. 피클 빼고 치킨 버거 만들어 줘.

둘째, 동사가 영어로 무엇인지 모르겠다면 스마트폰으로 검색해 보자. (네이버 파파고 어플을 미리 설치하고 가면 좋다.)

I/have/pickle allergic. Please/make/this burger/without pickles

내가 피클 알러지가 있다고 하는 문장은 I'm allergic to pickles가 맞는 문장이지만 위 문장을 사용해도 상대가 무슨 말인지 알기 때문에 상관없다.

이렇게 주어를 간단하게 통일시켜 말한다고 생각하면 내가 신경 쓸 것은 오로지 동사이기 때문에 영어 회화 문장을 훨씬 더 쉽게 만들어서 이야기 할 수 있다.

(3) 옷을 사는 외국인에게 반품 교환 규정 알려 주기

'반품이나 교환을 원하시면 텍을 제거하지 않고 착용하지 않으신 상태에서 15일 안으로 연락 주셔야 합니다.'를 영어로 얘기해 보자.

평소에 영어 회화를 많이 해 보지 않으신 독자분들은 어떻게 이 문장을 영어로 얘기할 수 있겠냐는 생각이 들 것이다.

If/you/want/return or exchange, you/must contact/us/within

fifteen days/without tag removal/and before wearing clothes.

위 문장을 보면 생각보다 어렵지 않은 것을 느낄 것이다. 얘기할 수 없다고 지레 겁먹지 말고 주어를 어느 정도 통일시키고 동사를 검색하면서 문장을 만들어 보자.

반대로 내가 외국에서 반품이나 교환 규정을 말하고 싶을 때를 생각해 보자. 간단하게 한국 문장으로 생각한다. '반품 또는 교환 규정 알려 줘.' 그리고 간단하게 영어 문장을 만든다.

Please/tell/me/return or exchange rule.

한 가지 더 팁을 주자면 내가 쉬운 문장으로 얘기해야 상대가 긴장을 풀고 쉬운 영어 문장으로 나에게 이야기할 수 있다. 내가 영어 초보라는 것을 상대가 알게 되면 상대도 부담을 줄이고 쉬운 영어로 나에게 얘기한다. 반대로 내가 원어민처럼 영어로 얘기하면 상대가 영어를 못할 경우 당황하고 긴장해서 이야기를 잘하지 못할 수 있다.

또한, 내가 영어를 못하는데 특정 문장만 잘한다고 특정 문장을 원어민처럼 얘기하면 원어민이 내가 영어를 잘 하는 줄 알고 빠르게 이야기를 해서 알아 듣지 못하는 부끄러운 경우도 생길 수 있으니 참조 하자.

보통은 명사를 모르는 경우는 거의 없고 동사를 모르는 경우가 많다. 주어를 어느 정도 통일시키고 필요한 문장의 동사들을 익혀 가면 의외로 쉽게 주어 동사 목적어가 만들어진다. 이런 식으로 문장을 만들면 생각보다 편안하게 영어로 오랜 시간 동안 이야기하는 자신을 발견할 수 있을 것이다.

이런 과정을 통해 아주 기본적인 영어 문장 만들기가 가능하다.

〈여행 영어 핵심 원칙 정리〉

첫째, 본인이 말하는 데 필요한 한국 문장을 적어 본다.
외국에 가서 많이 겪어 볼 상황(옷 구매, 커피 구매, 식사, 쇼핑)이나 혹은 외국인 친구를 사귀고 외국인 친구와 친해지는 데 필요한 문장을 생각해 보자.

둘째, 꼭 한 문장으로 말하지 않아도 되니 어려우면 여러 문장으로 나누자.

한 문장으로 말하기 어렵다면 여러 문장으로 나누어서 말해도 된다.

셋째, 주어는 어느 정도 통일시키며 한영사전이나 네이버 파파고 번역기를 통해 영어 문장을 만들어 보자.

아주 쉬운 문장으로 만들어 보자. 그래야 나도 사용하기 쉽고 상대도 이해하기 쉽다.

넷째, 실제로 외국인에게 내가 영어 문장을 사용한다고 생각하고 이미지 트레이닝을 한다.

실제로 내가 그 상황을 겪는다고 상상하며 얘기하면서 연습하다 보면 의외로 재미있다. 그리고 연습을 거듭하다 보면 술술 이야기하는 나의 모습이 대견스럽기도 하다.

다섯째, 외국에 가서 실제로 외국인에게 사용해 보며 몸에 익힌다. 아니면 영어 회화 모임에 가서 내가 익힌 문장들을 사용해 본다.

필자는 영어 회화 학원을 다니며 원어민 강사와 이야기하거나 영어 회화 모임에 가는 미션을 진행하면서 필자가 만든 문장들을 사용하며 익혔다.

여섯째, 모임이 끝나면 '이 문장을 영어로 얘기하고 싶었는데 어떻게 얘기하면 될까?'라는 문장이 생긴다. 그 문장들을 모아서 영어로 바꿔 보

해외여행 준비 TIP 모음

고 연습해 본다.

위와 같은 과정을 거쳐 필자와 친구들은 영어를 익혔다. 그 이후 해외 여행을 가서 외국인 친구들을 만나 재밌게 얘기할 수 있었고 좋은 추억들을 만들 수 있었다. 또한 영어로 말하는데 재미가 붙다 보니 영어 회화를 공부하는 데 더욱더 열정을 가질 수 있었다. 알다시피 한국에서는 영어를 잘하면 연봉이 높은 곳으로 이직이 가능하여 자기 계발에도 많은 도움이 된다.

처음에는 긴장되어 잘 생각이 안 난다. 그러나 계속 꾸준히 하다 보면 어느 순간 긴장이 풀리는 순간이 온다. 그때가 진정으로 도약하는 순간이다. 긴장을 풀고 쉬운 영어로 자신의 생각을 계속 얘기하는 자신이 신기하게 느껴진다.

〈그 외 팁들〉

상대가 영어 울렁증이 있어서 내가 영어로 말할 때 긴장해서 듣거나 이해를 못 한다면 내가 만든 문장보다 더욱 쉽게 그리고 천천히 이야기 해보자. 단어만 천천히 얘기해도 무슨 말인지 통하는 경우도 많다. 천천히 쉽게 이야기하면 상대도 이해하기 시작하면서 나의 이야기에 집중할 것이고 서로 편안함을 느끼게 될 것이다.

영어 단어는 어려운 단어가 아니라 최대한 많이 쓰이는 단어로 사용하는 것이 좋다. 그래야 내가 말할 줄 아는 문장이 많아져서 원활한 의사 소통이 더욱 가능해지고 상대도 이해하기 편하다.

본인에게 필요한 문장을 만들 때 스스로 영어 문장을 만들어 보는 것을 추천한다. 수학 문제를 풀 때 답을 보지 않고 스스로 풀어야 실력이 많이 느는 것처럼 본인이 필요한 문장을 직접 만들어 보면 더 오래 기억에 남아서 더 잘 사용하게 된다.

친구와 같이 이 책을 보면서 필요한 영어 문장을 만들고 서로 연습해도 좋다. 필자도 친구들이 해외여행을 가기 전 카페에서 만나서 만든 문장을 검토하고 조언하고 서로 영어로 대화를 연습하였다. 해외여행을 갔다고 상상하며 특정 상황에서 쓰이는 문장을 서로 영어로 이야기 하다 보면 시간 가는 줄 모르고 웃으며 재밌게 여행 영어를 익힐 수 있다.

원래 영어는 잘 안 들리는 언어다. 특히 싱가포르 영어는 발음이 독특해 원어민도 잘 이해하지 못하는 경우가 많다. 그러니 두려워하지 말자. 이해가 안 될 경우 Could you speak more slowly?라는 문장을 얘기하고 천천히 들어 보자.

처음 영어로 말을 걸 때 Can you speak english?가 아닌 Do you speak english?라는 문장으로 말을 걸자. 전자의 문장은 약간 무례하게 들릴 수 있는 문장이니 후자의 문장을 사용하자.

아예 영어에 대한 베이스가 없다면 부담 없이 편하고 쉽게 접할 수 있는 강의를 들어보자. 추천하는 영어 강의는 아주 쉬운 영어 강의에 속하는 커넥츠 스피킹의 세 마디 영어를 추천한다. 강의 후기를 보면 연세가 있으신 분도 이 강의를 듣고 해외에 가서 매우 만족스럽게 잘 사용하셨다고 한다. 필자 또한 이 강의를 보면서 어떻게 문장을 만드는지 감을 익힐 수 있다. 그다음 추천하는 영어 회화 책은 김영익 연구소장의 내 아이에게 들키기 쉬운 영어 실력 몰래 키워라를 추천한다. 필자 또한 김영익 연구소장님의 책을 읽고 오프라인 강의까지 들으며 영어 실력을 키웠다. (필자가 제시한 해외여행 영어는 본인의 경험 외에 김영익 연구소장님의 책과 강의 일부분을 참조하였습니다.)그렇게 영어 실력을 길러 현재 필자는 외국계 기업에 취업하여 근무하는 중이다.

아예 문장을 만드는 것이 감이 오지 않아 영어 회화 기초 책을 보면서 표현을 참조한다면 그 책 전체를 익힌다고 생각하지 말고 내가 자주 쓸 표현만 체크해서 골라서 그 표현만 익힌다. 책을 보는 도중 내가 필요한 문장인데 어렵게 영어 문장으로 서술되어 있다면 내가 스스로 쉽게 그 문장을 만들어 보자. 앞서 말했듯이 본인이 피클 알러지가 있다면 I'm allergic to pickles가 맞는 표현이지만 I have pickle allergic이라고 얘기해도 뜻은 통한다.

한국어나 일본어는 음절 박자 언어다. 모든 글자가 동일한 세기로 발음된다. 하지만 영어는 강세 언어다. 단어에 높낮이를 적용시켜 얘기하려고 한다. 영어는 원어민이 어디다 강세 넣느냐에 따라 소리가 달라진다. 또한 영어는 발성이 있어서 한번에 짧게 발음하려고 한다. 그래서 영단어를 익힐 때 어디에 강세를 넣는지 같이 익히고 강세와 발성과 리듬을 사용해서 이야기해야 원어민이 내가 하는 말을 잘 알아듣는다. 영어 듣기 공부를 하고 싶다면 신왕국의 코어 소리 영어를 추천한다. 필자는 이 강의를 듣고 나서 영어 듣기 실력이 많이 늘었고 회화 학원 다닐 때 원어민과 비슷하게 이야기한다고 칭찬을 받았다.

1500단어 정도면 확실히 자신 있는 영어 커뮤니케이션이 가능하다. 미국에서는 VOA(Voice of America)라는 라디오 프로그램이 있다. 이 프로그램은 영어가 모국어가 아닌 사람들을 위해 쉬운 영어로 국제 뉴스를 만들기 때문에 사용하는 영단어를 1500개로 제한하고 있다. 사이트 learningenglish.voanews.com에 접속하여 홈페이지 하단의 learning english word book을 클릭하면 1500개의 영단어가 적힌 PDF 파일을 다운로드할 수 있다. 필자도 이 1500개 단어부터 익히며 영어 공부를 하였다. 여기 있는 1500개의 단어만 익히면 뉴스 레벨의 의도를 전달할 수 있고 세련된 커뮤니케이션을 즐길 수 있다.

영어로만 말할 수 있는 캠프에 참여하면 실력이 가장 많이 느는 이유는 무엇일까? '내가 여기서 영어로 어떻게 말하면 좋을까?'라는 것이 가장 많이 떠올라서이다. 언제 사용할지도 모르는 문장을 외우는 것보다 자신의 취미와 직업과 상황에 맞는 문장부터 외워서 실제 상황에서 사용하는 것이 훨씬 더 영어에 흥미를 느끼게 하고 실력이 많이 향상된다.

〈어느 정도 영어로 프리 토킹이 가능한 독자분들에게 드리는 조언〉

첫째, 비영어권 국가에서는 연음, 높낮이, 복잡한 문장, 관용어, 속어를 자제하자.

앞서 말했듯 한국어는 음절, 박자 언어여서 모든 글자가 동일한 세기로 발음된다. 그러나 영어는 강세 언어다. 단어에 높낮이가 적용되어 발음된다. 특정한 글자에 강세를 주고 발음하며 특정한 글자를 약하게 발음한다. 그래서 서양인이 한국어를 발음할 때 일정하게 발음하지 않고 노래 부르는 것처럼 높낮이를 적용시켜 발음하는 것을 발견할 수 있다. 평소 영어를 말할 때 높낮이를 적용시켜 얘기하기 때문이다.

문제는 영어를 사용할 때 듣는 사람의 입장을 생각하지 않는 것에 있다. 내가 영어를 잘 한다면 영어 사용권 국가에서는 원어민처럼 얘기해도 괜찮지만 영어를 사용하지 않는 국가에서 상대가 영어를 잘하지 못하는데 연음과 강세를 사용하거나 복잡한 단어와 복잡한 문장, 혹은 현지인만 이해할 수 있는 관용어, 속어를 사용한다면 상대가 영어 실력이 뛰어나지 않는 이상 내가 하는 말을 알아듣지 못한다.

평소에 영어를 열심히 공부하셨던 분들께서 영어 실력을 뽐내고 싶은 마음은 이해하지만 가장 중요한 것은 상대가 이해하기 쉽게 이야기하는 것에 있다. 비영어권 국가에서는 최대한 상대가 알아듣기 편하게 천천히 짧게 얘기하자.

둘째, 원어민이 잘 이해할 수 있는 영어 스피킹을 지향하자.

예일대 유학생들이 뽑은 20년 연속 최고의 강의. 미국 예일대 영어 커뮤니케이션의 대가 윌리엄 반스 교수는 한국인의 영어가 잘 통하지 않는 여러 가지 이유를 『영어 스피킹 기적의 7법칙』에서 서술하였다. (나는 신나게 영어로 얘기하는데 원어민이 잘 이해를 못 한다면 이 책을 읽는 것을 강력 추천한다.)

반스 교수는 책에서 한국인의 영어가 통하지 않는 이유를 원어민이 이해하기 어려운 한국식 문장, 한국식 발음, 한국식 끊어 읽기라고 주장한다. 한국의 영어 교육은 말하기와 듣기보다는 읽기와 문법 중심의 교육이다. 그래서 원어민도 이해할 수 없는 한국식 영어가 생기는 것이다. 영어에 필요한 연음, 강세, 끊어 읽기, 주어 통일이 부족하여 영어를 말할 때 원어민처럼 얘기하는게 아니라 한국식 영어로 이야기하기 때문에 원어민이 알아듣지 못하는 경우가 많다고 한다. 원어민도 알아듣지 못한다면 비영어권 국가 사람들은 더욱 알아듣지 못한다.

이러한 현상은 한국만 해당되는 것이 아니다. 필자가 예전에 영어 회화 모임을 갔을 때, 홍콩에서 온 영어를 잘하는 중국인과 독일에서 온 영어를 잘하는 독일인과 같은 회화조에 속했다. 둘은 서로 영어로 유창하게 얘기했지만 서로 무슨 말을 하는지 이해하지 못했다. 그때 깨달았다. 영어 실력을 정말로 늘리려면 본인만의 방법으로 아무렇게나 익히는 것이 아니라 영어권 국가 사람들이 잘 이해하는 방법으로 제대로 익혀야 한다는 것, 또한 정말 영어를 잘 하는 것인지는 영어로 유창하게 말하는 것이 아닌 원어민이 잘 이해할 수 있는지를 기준으로 판단해야 한다는 것을.. 그래서 필자는 반스 교수의 책을 모두 구매하여 계속 반복해서 읽으며 영어 실력을 늘리고 있다.

영어 사고의 템플릿은 실행자 액션 목표이며 이것은 주어 동사 목적어를 뜻한다. 읽기에서는 주어가 자주 바뀌어도 괜찮지만 평소 대화에서는 주어를 자주 바꾸면 알아듣기가 힘들다. 그래서 반스 교수는 영어로 이야기할 때 주어를 어느 정도 통일시켜서 이야기하는 것을 추천한다. 그러니 영어를 어느 정도 하거나 혹은 영어를 잘하지 못하더라도 주어를 어느 정도 통일시켜 이야기해야 상대가 나의 말을 잘 이해할 것이다.

앞서 말했듯 영어는 강세 언어이기 때문에 원래 잘 들리지 않는 언어이다. 유창성도 중요하지만 원어민이 잘 이해할 수 있는 방식으로 영어를 익히는 것이 가장 중요하다. 윌리엄 반스 교수의 책『영어 스피킹 기적의 7법칙』을 추천한다. 또한, 비즈니스에서 사용하는 영단어를 업그레이드하고 싶다면 그의 다른 책『영어 스피킹 기적의 영단어 100』을 추천한다.

(2) 두 번째 안테나, Find the joy in your life

영화 〈버킷리스트: 죽기 전에 꼭 하고 싶은 것들〉 도입부.

"에드워드 콜은 5월에 죽었다. 구름 한 점 없는 화창한 일요일이었다. 누군가의 삶을 평가하긴 어렵다. 그를 기억하는 이들이 그 삶을 말해 준다고 본다. 내가 확신하는 건 그 모든 면에서 에드워드 콜은 인생의 끝에서 남이 평생 한 것보다 많은 걸 이뤘단 거다. 숨을 거두는 순간 두 눈은 감겼지만 가슴은 열린 것이다."

마음속 깊은 곳에서 진정으로 자신이 원하는 것을 찾고 실천하고 음미하면 어떤 일이 일어날까? 단순한 행복을 넘어 영혼 차원에서 깊은 행복을 느낀다. 그래서 이 영화에서는 영혼 차원에서 느껴지는 깊은 행복을 "가슴이 열렸다."는 표현을 사용했다.

단 한 번의 해외여행을 간다고 하더라도 영화에서 표현한 것처럼 '가슴이 열릴 수 있는' 해외여행. 이런 해외여행을 가는 것이 필요하다.

하지만 대다수의 사람들은 마음속 깊은 곳에서 자신이 진심으로 원하는 것이 있음에도 불구하고 각자만의 사유로 그것을 외면하거나 핑계를 대며 인정하지 않는다. 그렇게 자신이 진심으로 원하는 것을 알지 못하고 하지 못한 채 '시간만 계속 흐르는 삶'을 살아가고 있다.

해외여행 준비 TIP 모음

'시간만 계속 흐르는 삶'에 대해 깊게 생각해 볼 필요가 있다. 영화 〈버킷 리스트〉에서는 가난하지만 가정을 위해 헌신을 하며 살아온 정비사 '카터(모건 프리먼)'와 자수성가한 백만장자이지만 괴팍한 성격에 아무도 주변에 없는 사업가 '잭(잭 니콜슨)'이 둘 다 암 진단을 받고 시한부 인생을 사는 이야기가 그려진다.

우리는 그들처럼 병원에서 정해진 시한부 인생은 아니지만 모든 사람은 언제 죽을지 모른다. 기한을 알 수 없지만 우리는 그들과 크게 다를 바 없는 인생을 사는 것이나 마찬가지다. 그렇기에 우리는 '지금 이 순간' 자신이 진정으로 원하는 것을 찾고 실천하고 음미하는 것이 필요하다.

정말 만족스러운 해외여행을 위해서는 나의 마음속 깊은 곳에서 진심으로 원하는 것이 무엇인지 찾는 시간이 필요하다. 마음 깊은 곳에서 진심으로 원하는 것을 보지 못하게 하는 장애물이 무엇인지 확인하고 그 장애물을 제거해야 한다.

고대 이집트에선 사후 세계를 믿었다. 천국의 입구에서 신은 2가지 질문을 했다. 대답에 따라 천국에 갈 수 있는지 아닌지가 정해졌다.

첫째, 삶의 기쁨을 찾았나?

둘째, 타인에게도 기쁨을 주었나?

필자의 책을 보며 자신만의 장애물을 찾고 그 장애물을 제거하는 과정을 실천하자. 그래서 위 2가지 질문에 대해 확실하게 자신만의 답을 찾길 바란다. 이 질문에 어떤 대답을 하느냐에 따라 여러분들의 남은 인생이 진행될 것이다.

《장애물과 해결책》

〈첫 번째 장애물=타인의 시선〉

KBS 〈생로병사의 비밀 381회_휴식의 힘〉(2011.08.06.) 국제정신분석가 이무석 교수.

"아주 엄한 가정 교육을 받으면서 자란 사람들, 이런 사람들이 휴식하기 어려워요. 이런 분들은 외국에 가도 어디 여행지를 가더라도 사진만 찍고 다녀요. 나 여기 왔다 갔다 그거 인정 받으려고. 아버지에 대해서 아버지 나 저기도 갔다 왔어요. 저기도 갔다 왔어요. 이러고 있는 거에요. 무의식을 들여다보면.. 휴식하려면 먼저 마음, 자기 마음을 들여다보고 자기 마음 속에 나를 막 채찍질하는 노예 감독이 내 마음 속에는 없나. 이것을 자신에게 물어봐야 해요."

위 이야기는 실제로 2011년 KBS 〈생로병사의 비밀〉 프로그램에서 이무석 교수님께서 하셨던 말씀이다. 아마 이무석 교수님께서 11년이 지난 지금 시점에서 인터뷰를 했다면 아래처럼 이야기하지 않으셨을까?

"상위 5% 연예인의 삶이 정상이라고 생각하는 사람들, 타인에게 좋은 모습을 SNS에 과시하려는 사람들, 이런 사람들이 휴식하기 어려워요. 이런 분들은 외국에 가도 어디 여행지를 가더라도 사진만 찍고 다녀요. 나 여기 왔다 갔다. 그거 인정받으려고. SNS에 사진을 올리면서 나 여기 갔다 왔다. 저기 갔다 왔다. 자랑해야지. 이러고 있는 거예요. 무의식을 들여다보면. 휴식하려면 먼저 마음, 자기 마음을 들여다보고 자기 마음 속에 나를 막 채찍질하는 노예 감독이 내 마음속에는 없나. 이것을 자신에게 물어봐야 해요."

과거에는 공부를 잘하면 성공이 보장되는 시대였다. 그래서 사람들이 모두 공부를 어떻게 하면 잘할지 고민하고 성적은 얼마나 나왔는지에 대한 이야기가 많았다. 하지만 스마트폰이 보급 되고 SNS가 활성화되면서 이제는 공부가 아니라 어떻게 하면 연예인이나 인플루언서처럼 유명해지는지, 어떻게 하면 사람들한테 자랑을 하는지 이런 이야기들이 많아졌다. 공부 잘하는 사람을 부러워하는 사회에서 타인의 시선을 받는 연예인이나 인플루언서를 부러워하는 사회로 바뀐 것이다.

과거에는 아이돌 가수들이 학벌 중심의 삶을 비판하거나 자신의 꿈을 찾아가는 내용을 담은 노래를 부르는 경우가 많았다. 그래서 숨통이 트이며 공부가 전부가 아니라는 생각을 하는 경우도 많았다. 하지만 요즘엔 SNS로 과시하는 인플루언서나 연예인과 같은 삶을 동경하다 보니 이런 현상에 대한 비판의 노래나 목소리는 거의 찾아보기 힘들다. 자기가 자신을 비판하지 않는 것처럼 연예계가 연예계 자체를 비판할 수는 없기 때문이다.

그렇다 보니 과거에는 '공부 잘해서 부와 명예를 가지는 것이 행복한 삶'에서 요즘은 '타인에게 부와 명예를 과시하는 것이 행복한 삶'으로 바뀌었다. 행복에 대한 획일화된 사고가 더욱 안 좋게 바뀌며 퍼져 나간 것이다. SNS에 돈과 명품을 과시하고 인기가 많은 것을 과시하는 연예인이나 인플루언서의 모습을 자신과 비교하며 더욱 더 우울해한다. 그래서 해외여행을 가더라도 자신이 진짜 가고 싶은 곳을 가는 게 아니라 남들이 원하는 해외여행 혹은 남들에게 과시하려는 해외여행을 가게 된다.

• 첫 번째 해결책=천성을 생각하자

그렇다면 연예인이나 인플루언서처럼 타인의 관심을 받는다는 것이 잘못되었다는 이야기인가? 아니다. 그것은 그들의 천성일 뿐이다.

필자는 글을 쓸 때 행복하며 시간 가는 줄 모른다. 하지만 그림을 그리는 것은 싫어하지는 않지만 좋아하지도 않아 별로 그린 적이 없다. 반대로 누군가는 그림을 그리면서 행복을 느끼고 시간 가는 줄 모른다. 또한, 공부가 천성인 사람은 공부를 하면서 시간 가는 줄 모를 것이다. 각자마다 천성이 다를 뿐이다. 사람은 천성에 맞는 일을 할 때 가장 행복을 느낀다.

만약 정말 본인이 타인의 시선을 받는 것이 천성에 맞았다면 그 사람은 연예계 데뷔를 준비하고 있거나 이미 연예인 혹은 인플루언서로 활동하고 있을 것이다.

각자마다 천성이 다르지만 우리는 타인의 시선 때문에 자신이 정말 좋아하는 것을 착각하거나 외면해서 놓치며 사는 경우가 많다.

과거는 공부가 우선인 학업 중심의 사회 때문에 '사' 자가 들어가는 직업이 최고라고 생각하며 자신이 진정으로 원하는 삶을 살지 못하는 경우가 많았지만 요즘은 타인의 시선이 우선인 관심 중심의 사회 때문에 연예인, 인플루언서, 유튜버 등의 직업이 최고라고 생각하며 자신이 진정으로 원하는 삶을 살지 못한다.

다시 한번 생각해 보자. 나는 정말로 내가 원하는 것이 무엇인지 깊이 생각해 본 적이 있는가? 남들이 좋다고 하니까 막연하게 좋다고 생각한 것 아닐까? 나와 같은 성별에 또래 나이 사람들에게 인기 있다 보니 나도 그것을 좋다고 착각한 것 아닐까? 수많은 사람들이 좋아하고 우러러보고 존경심을 표하니 그것이 행복한 삶이라고 착각한 것이 아닐까?

부모의 강요 때문에 숨막혀하는 자식들은 이런 이야기를 한다. '나는 내가 원하는 삶이 아니라 부모가 원하는 삶을 대신해서 사는 게 아닌가 싶다.'

마찬가지로 나는 내가 진정으로 원하는 삶이 아니라 남들이 그저 좋다고 생각하는 삶을 대신해서 살려고 했던 것이 아닐까?

내가 원하는 삶이 아닌 부모가 원하는 삶을 대신해서 사는 인생. 내가 원하는 삶이 아닌 남들이 원하는 삶을 대신해서 사는 인생. 둘의 공통점은 내가 원하는 삶을 사는 것이 아닌 것이다.

중요한 것은 '남'의 만족이 아니라 '나'의 만족이다.

목수가 직업인 여성분이 있다. 대부분의 사람은 자신의 적성을 찾아 꿈에 도전하기보다 남들처럼 평범한 직장인이나 공무원이 되려 한다. 자신의 적성보다는 현실에 타협하는 것이다. 하지만 그녀는 자신의 천성을 찾았고 목수 일을 하며 정말 행복해한다. 어릴 적부터 목수 일을 했었다면 훨씬 더 행복했을 것이라고 이야기한다.

본인의 천성에 맞고 마음속 깊은 곳에서 진심으로 원하는 것을 하는 사람은 영혼 차원에서 행복을 느낀다. 본인이 진심으로 원하는 것을 즐기기 때문에 활력이 넘친다. 그러한 삶을 살면서 본인이 진짜로 살아 있음을 느낀다. 그래서 마음속 깊은 곳에서 진심으로 원하는 버킷 리스트가 두 번째 안테나인 것이다.

필자는 본인의 마음속 깊은 곳에서 진심으로 원하는 것을 하지 않고 그저 남들이 좋다고 하는 것을 하며 행복하다고 느끼는 것을 본인과 맞지 않는 속옷을 입는 것으로 비유하고 싶다. 자신의 사이즈 보다 작은 속옷이건 큰 속옷이건 입었을 때 모두 불편한 것은 마찬가지다. 다른 사람은 내가 입은 겉옷만 보기 때문에 내가 입은 속옷이 불편한 것은 모른다. 속옷이 크거나 작아서 불편한 것은 본인만이 알 수 있는 일이다.

다시 한번 강조하지만 '남'의 만족이 아닌 '나'의 만족을 위한 버킷 리스트를 찾는 것이 필요하다. 절대로 자신의 인생을 타인이 대신해서 살아줄 수 없다. 남의 인생은 남의 인생이며 나의 인생은 나의 인생이다.

• 두 번째 해결책=내가 무엇에 망설이고 있는지 살펴보자

마음속 깊은 곳을 원하는 것을 찾는 핵심 포인트는 '두 가지 망설임'이다.

첫째, 인간은 자신이 진심으로 원하지 않는 것을 하면 무의식적으로 망설이게 된다.

연예인이 천성이 아닌 사람이 SNS에 과시하며 연예인처럼 행동하면 잠시 좋을 수는 없어도 무언가 이건 아닌 것 같다는 생각이 든다. 마음속에 무언가 채워지지 않는 허전함이 느껴진다.

내 마음속 깊은 곳에서 원하는 것이 아니라 남들이 그저 좋다는 것을 하고 있기 때문에 영혼 차원에서 깊은 행복을 느끼지 못하는 것이다.

둘째, 내가 원하지 않는 것들 중 망설이는 것이 있다면 나는 그것을 원하고 있을 확률이 높다.

챕터 마지막에 여러 가지 추천 버킷 리스트 목록들을 모아놓았다. 그것들을 하나씩 살펴보면서 망설이는 항목이 있는지 살펴보자. 아니면 자신만의 버킷 리스트를 적어 보며 망설이는 항목이 있는지 살펴보자. 망설인다면 그것을 원하고 있을 확률이 높다. 왜냐하면 정말 하나도 관심이 없다면 망설이는 기분 자체가 들지 않는 경우가 많기 때문이다.

평소 본인이 즐겨하는 것들 중 망설임이 느껴진다면 과감하게 그것을 중단하자. 그 대신 본인이 싫어하거나 좋아하지 않는다고 생각하는 것들 중 망설임이 느껴지는 것을 실천하며 천천히 지켜 보자.

내가 찾은 버킷 리스트 중에 타인의 안 좋은 시선이 느껴지는 버킷 리스트도 있을 것이다.

"이 나이에 무슨 이런 걸 해?"
"내 주제에 어떻게 이런 걸 해?"
"나는 이런 것에 적성도 없는데 내가 한다고 해서 괜찮을까?"
"뭐가 이렇게 소박해? 이런 거 한다고 해서 좋을까?"

무엇이 되었던 일단 망설임을 느낀다면 내가 무의식적으로 원한다고 판단하자. 하나도 원하지 않는다면 망설이는 것 자체를 하지 않는다. 망설임을 느껴지는 것을 하나씩 실천해 보고 감정이 바뀌는지 살펴보자. 분명 바뀌는 경우가 있을 것이다. '이 좋은 걸 지금 하다니!'라는 생각이 들 것이다. 삶의 또 다른 기쁨을 찾은 것이다. 동시에 새로운 나를 찾았다는 의미다. 기분 좋은 자극을 받아 두뇌의 해마 부위가 활성화되고 스트레스가 감소되고 활력이 생기며 행복한 감정을 느낀다.

과시하는 것을 싫어하고 사치스러운 것을 싫어하는 사람도 마찬가지다. 남에게 과시하고 사치하는 것에 관심이 없었다면 남에게 적당히 과시도 해 보고 적당히 사치도 해 보자. 그렇게 해야 자신의 천성에 맞는 행복이 무엇인지 정확하게 알 수 있다.

어떤 사람들은 SNS에 혼돈, 시기, 질투, 허영 등이 모두 들어있다며 SNS를 하지 말 것을 추천한다. 뉴스, 드라마, 유투브 등 여러 가지 매체 중에서 유난히 SNS만 많은 비난을 받고 있는 것 같다. SNS를 하는 것이 해로운 것은 아니다. 단지 SNS를 할 때 어떻게 하느냐 그리고 어떤 시각으로 SNS를 바라보느냐가 중요한 것이다. 잘만 활용한다면 SNS를 통해 좋은 사람들과 더욱 깊은 친분을 맺을 수 있고 인생이 바뀔 수 있는 좋은 컨텐츠를 접할 수 있다.

필자가 추천하는 방식은 본인이 평소에 즐겨 하는 것을 절반 정도 진행하고, 싫어하거나 평범하거나 망설여지는 일들을 절반 정도 진행하는 것이다. 필자는 이렇게 버킷 리스트를 진행했을 때 가장 만족도가 높았다. 비율을 얼만큼 정할지는 독자 여러분들이 스스로 판단하고 실천하며 결과를 지켜보자.

- **세 번째 해결책=많은 생각을 들게 하는 영화를 보며 차분히 생각하는 시간을 가지자**

영화 〈버킷 리스트〉, 〈노킹 온 헤븐스 도어, 퍼펙트맨〉

이 영화들을 보면 한 번쯤 자신의 삶에 대해서 돌아보게 된다. 그리고 죽음과 삶을 생각하며 어떠한 인생을 살아야 하는지 깊이 생각하게 된다.

인간은 죽음을 앞두었을 때 혹은 죽음에 대해서 진지하게 생각할 때 자신을 차분하게 돌아보는 시간을 가지게 된다. 그리고 진정으로 원하는 것에 대해서 깊이 생각하며 그것을 행동으로 옮기는 용기와 지혜를 가지게 된다.

자신의 마음속 깊은 곳에서 진심으로 원하는 것이 무엇인지 차분히 생각해 보자. 찾았다면 하나씩 실천하고 음미해 보자. 그렇게 삶의 한 순간들을 하나씩 채워 나가자. 버킷 리스트 도입부 대사처럼 두 눈은 감겼지만 가슴은 열리는 마지막 순간을 맞이할 수 있을 것이다.

해외여행 준비 TIP 모음

〈두 번째 장애물=돈이 없으면 행복할 수 없다는 생각〉

영화 버킷리스트에 낮은 평점을 주면서 다음과 같이 이야기하는 사람들이 있다.

- 여운도 있고 감동도 있지만 돈도 필요하다는 불편한 진실.
- 돈이 엄청 있어야 가능한 얘기.
- 결국은 돈이 있어야 한다는 얘기다.
- 돈 있는 영감들이나 가능한 꿈. 현실을 직시해야 한다.
- 돈 많은 친구를 사귀라는 내용.
- 누구는 하기 싫어서 그냥 사는 줄 아나. 돈이 문제다.

● **해결책=부와 행복의 상관 관계를 파악하자.**

필자가 좋아하는 이철우 박사님의 책『행복을 훈련하라』에 나오는 내용이다.

하버드 대학교 심리학과 길버트 교수는 다음과 같은 연구 결과를 발표했다.

"연 수입 9만 달러까지는 수입이 높아질수록 행복감이 높아졌다. 그러나 그 이상을 넘어서면 별 차이가 없었다. 가령 연 수입 5만 달러 이상인 사람은 2만 달러 이하인 사람보다 2배 정도 행복감을 느끼고 있었다. 하지만 연 수입 20만 달러 이상의 사람과 10만 달러의 사람이 느끼는 행복감은 비슷했다. 일단 기본적인 욕구가 충족되고 나면 더 많은 돈이 더 많은 행복을 보장하는 것은 아니다."

필자는 이 연구 결과를 보고 부와 행복의 상관 관계가 명확하게 파악되었다. 기본적인 욕구는 의식주를 떠올렸다. 먹고 자고 옷을 입는 것이 평범한 수준에 도달하지 못한다면 당연히 불행할 것이다. 하지만 의식주만 충족된다면 다른 요소에 의해 행복이 결정될 것이다.

또한, 의식주 개념을 상위 1%가 아닌 평범한 사람의 의식주 개념으로 재정립할 필요성이 있다. 앞서 말한 생로병사의 비밀 다큐멘터리가 2011년에 방영된 것처럼 이 책 역시 2011년에 나온 책이다. 11년이라는 시간이 흐르며 인터넷이 발달되고 스마트폰이 보급되면서 SNS가 사람들 사이에서 크게 보급이 되었다. SNS에 올라오는 풍족한 인생을 사는 사람들의 글을 보면서 자기 자신과 비교하면서 우울함을 더욱 느끼게 되었다. 우울증 지수가 증가하는 만큼 부와 행복에 관련된 기사 또한 그만큼 많이 나왔다.

가장 인상에 남는 댓글은 다음과 같았다.

'SNS와 티비 프로그램을 보면서 자신도 모르게 상위 1% 연예인의 삶을 평범한 삶이라고 생각하고 있었어요. 그래서 그들과 자신의 삶을 비교하게 되고 우울하게 느꼈었던 것 같아요.'

상위 1%의 삶을 상위 1%로 받아들이는 것과 평범한 것으로 받아들이는 것은 아예 다른 이야기다. 상위 1% 연예인의 삶을 '평범'한 것으로 생각하면 당연히 평범한 사람의 삶은 '평범 이하'의 불행한 삶일 수밖에 없다.

정말 의식주가 어려울만큼 돈이 없다면 당분간 안정적인 직업을 갖는 것에 몰두하자. 그래서 취업을 하고 돈을 어느 정도 모으면 그 이후부터는 다른 것에 의해 나의 행복이 결정될 것이다.

연예인이야 자신의 이미지가 중요하니 명품 옷을 입고 비싼 집에서 살고 SNS에 좋은 모습을 보여 주는 것이 그 사람의 가치를 높이는 것에 도움이 된다. 가치를 높여야 방송에 출연하고 광고를 촬영하여 많은 돈을 벌 수 있기 때문이다. 하지만 연예인이 아닌 사람들은 그렇게 해도 별 도움이 되지 않을 뿐더러 의외로 사람들은 평범한 사람에게 그렇게 많은 관심이 없다. 본인에게 관심 있을 것이라고 착각할 뿐이다.

연예인처럼 광고 촬영하거나 방송에 출연해 돈을 버는 것도 아닌데 남들이 거의 신경 쓰지 않는 것을 남들에게 보여 주고자 돈과 시간을 투자한다면 자신이 무의식적으로 진정 원하는 것에 투자할 기회가 그만큼 사라지게 된다.

필자가 군 입대를 하여 첫날밤 훈련소에서 잠자리에 누웠을 때 소대장님께서 하셨던 말씀이 생각난다. "존경하는 훈련병 여러분. 눈 깜박하면 2년 지나갑니다." 이 말에 따르면 눈 5번 깜박이면 10년이 흐르는 것이다. 생각해 보면 정말 시간은 빠르게 흐른다. 필자는 아직도 30대 중후반이 된 것이 실감이 나지를 않는다.

이렇게 빠르게 흐르는 시간 속에서 본인이 진심으로 원하지도 않는 것을 하며 더 이상 시간을 낭비하지 말자. 마음속 깊은 곳에서 무엇을 진심으로 원하는지 찾자. 그리고 실천하며 행복을 느끼자. 앞서 언급한 것처럼 시간만 계속 흐르는 삶을 지양해야 한다.

영화 버킷리스트 두 주인공의 최고의 버킷 리스트는 마지막 부분에 나온다. 그 마지막 부분은 돈이 없어도 할 수 있는 일들이었다. (스포일러가 될 수 있으니 직접 영화를 보면서 확인하자.)또한, 돈이 없어도 할 수 있는 버킷 리스트들도 많았다. (눈물 날 때까지 웃기, 세상에서 가장 예쁜 여성과 키스하기, 낯선 사람을 도와주기.)

필자가 앞에서 다루었던 내용들을 숙지하고 활용한다면 상대적으로 저렴한 항공기 티켓을 살 수 있고 저렴한 호텔에 숙박할 수 있다. 전용기를 타는 것은 힘들겠지만 스카이 다이빙, 다른 나라를 여행하는 것 등은 평범한 부를 가진 사람들도 충분히 할 수 있는 일들이다.

시간이 걸리더라도 돈을 모으며 버킷 리스트를 현명하게 나누어서 실천하자. 분명 자신의 삶을 진정한 행복으로 채워 갈 수 있을 것이다.

〈세 번째 장애물=두려움〉

필자의 책을 보면서 원하는 버킷 리스트를 여러 개 찾았다. 그 버킷 리스트를 실천할 수 있는 돈도 모았고 그 외에 필요한 모든 준비를 마쳤다. 그렇지만 단 한 가지 때문에 시작조차 할 수 없었다. 그 장애물은 '두려움'이다.

한 가지 사례를 들어 보겠다. 번지 점프를 할 때 가장 중요한 요소는 무엇일까?

동영이는 태어나서 처음으로 번지 점프를 경험해 본다. 가족들과 친구들한테 번지 점프 하러 간다고 자랑도 했고 같이 가는 친구가 스마트폰으로 사진과 영상을 찍어 주기로 했다. 번지 점프를 하기 전날 학창 시절 수학 여행을 가기 전날 밤처럼 기뻐서 잠을 설쳤다. 번지 점프를 하러 가는 날 아침에도 두근거리는 설레임은 여전히 느껴졌다.

하지만 번지 점프를 하러 건물 엘리베이터를 타고 오르는 순간 그 설레임은 두려움으로 점점 바뀌어 간다. 드디어 번지 점프를 하는 곳에 도착하였다. 번지 점프 끈을 어깨에 매는 순간 설레임은 모두 사라지고 두려움만이 내 몸을 휘감았다. 친구들은 밑에서 스마트폰으로 내가 번지 점프를 하는 순간을 촬영하려고 대기 중이다. 번지 점프 못하겠다고 밑에 있는 친구들에게 얘기하자 친구들이 모두 크게 웃는다. 그리고 모두 한마디씩 한다. '우리 똥개 훈련 시킨거냐?', '너 여기서 안 뛰면 우리랑 절교다.', '시끄럽다. 빨리 뛰어라'. 동영이는 두려운 마음에 결국 번지 점프를 하지 않고 내려오게 된다. 친구들은 아까는 장난이었다며 괜찮다고 위로해 주었지만 두려움에 굴복했다는 마음에 자기 자신에게 실망하게 되었고 우울한 기분이 들었다.

독자분들 또한 꼭 번지 점프가 아니더라도 하고 싶었던 일들이 있었지만 두려움 때문에 그것을 시도조차 하지 못했던 경험이 있었을 것이다. 이제 그 두려움을 정확하게 분석하고 극복하는 법을 다루고자 한다.

위 이야기를 표로 설명하자면 아래와 같다.

목표에 대한 접근 강도와 도피 강도

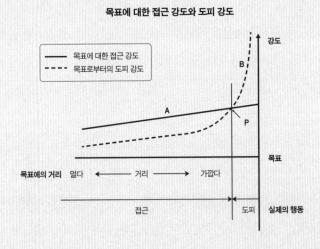

필자가 좋아하는 이철우 박사님의 『심리학이 연애를 말한다』 책에서 다룬 그래프다.

처음에는 목표가 멀다 보니 접근 강도가 도피 강도보다 강해서 하고 싶은 마음이 든다. 하지만 목표와 가까워지는 순간 도피 강도가 접근 강도보다 강해지는 순간이 찾아오게 된다. 그래서 실제의 행동이 접근에서 도피로 바뀌어지는 것이다.

번지 점프의 사례와 정확하게 일치한다. 번지 점프하기 전 날에는 잠도 설치고 번지 점프하는 날 아침까지 기분이 좋다가 번지 점프를 하러 올라가는 엘리베이터를 타는 순간 현실로 느껴진다. 그래서 번지 점프를 하기 위해 어깨에 끈을 매는 순간부터 접근 강도보다 도피 강도가 강해져서 번지 점프를 하지 못하고 그냥 내려오는 것이다.

세계적으로 유명한 로맨스 영화 〈비포 선라이즈〉를 보면서 '와 나도 해외여행 가서 마음에 드는 이상형과 이야기를 나눠 봐야지.'라고 생각한다. 필자의 책을 보면서 여행 영어 개념을 익히고 필요한 영어 문장도 만들었고 말하는 연습도 다 해서 모든 준비가 끝났다. 실제로 해외여행을 갔을 때 정말 마음에 드는 이상형을 발견한다. '괜찮네.'라는 생각이 들어서 접근하려고 마음을 먹는다. 하지만 접근하려는 그 순간 현실로 느껴진다. 그래서 다가서기 전에 두려움이 설렘보다 커지게 된다. 그렇게 덜덜 떨면서 시간만 계속 흐르게 되고 결국 이상형에게 접근을 포기하게 된다.

각자마다 원하는 여러 가지 해외여행 버킷 리스트가 있을 것이다. 스카이 다이빙, 바에서 처음 보는 사람과 대화 나누기, 해외여행 가서 이상형 만나면 영어로 대화 나누어 보기, 해외여행 가서 장기 자랑 대회 나가서 춤을 추기 혹은 노래 부르기, 한 달 동안 원하는 도시에서 살아 보기 등등. 필요한 모든 준비는 끝났다. 하지만 어느 순간부터 두려움이 생길 것이다. 또한 자신도 모르게 타인의 시선이 떠오르며 두려움이 느껴질 것이다.

- 이 나이에 무슨 그런 걸 해?
- 이걸 너가 하겠다고?
- 그건 너 같은 사람이 할 건 아닌 거 같다.
- 지금 이 상황에서 너가 그걸 하겠다고? 제정신이야?
- 내가 무슨 그걸 하겠다고.
- 갑자기 두려운 마음이 들어서 하기 싫어지네.
- 내가 이거 한다고 하면 다른 사람들이 비웃거나 욕하지 않을까?

"배는 항구에 있을 때 안전하지만 그것이 배가 존재하는 이유는 아니다."

-괴테-

괴테의 말처럼 배가 존재하는 이유를 잠시 생각해 보자.

"미친 짓이란, 매번 똑같은 행동을 반복하면서 다른 결과를 기대하는 것이다."

-아인슈타인-

마음속 깊은 곳에서 자신이 원하는 것을 외면하고 그저 막연히 괜찮다고 생각했던 일들만 하면서 산다면 영혼 차원에서 깊은 행복을 느끼는 일은 영원히 없을 것이다. 이제는 매번 똑같은 행동을 반복하지 말고 예전과는 다른 행동을 하며 다른 결과를 기대해 보자.

용기를 내는 것의 정답은 없다. 눈 딱 감고 나아가는 용기가 필요하다.

세상 모든 일이 그렇지만 항상 100% 준비가 된 상황이라는 것은 없다. 그렇기에 준비가 되었건 안 되었건 눈 딱 감고 나아가야 한다. 모든 준비가 완벽히 된 상황에서도 생각처럼 용기를 내는 것이 쉽지 않을 것이다. 그렇기 때문에 눈 딱 감고 전진하는 용기가 필요하다. 당연히 위험한 상황이 펼쳐질 수 있다. 하지만 준비만 잘한다면 위험한 상황이 일어나도 현명하게 대처할 수 있다. 또한, 위험한 상황 자체를 예방할 수 있다.

더 이상 두려움이 자신을 가로막는 경우가 없게 하자. 더 이상 두려움이 마음속 깊은 곳에서 원하는 것들을 하지 못하며 시간만 흐르는 경우가 없게 하자. 도망치고 숨는다고 해서 달라지는 것은 없다.

필자는 버킷 리스트 영화가 정말 마음에 들어서 네이버 영화 사이트에서 네티즌들의 모든 관람 후기들을 살펴보았다. 아래 후기들은 두려움 때문에 자신이 진정으로 원하는 것을 하지 못했던 것에 대한 깨달음에 관한 내용들이다.

- 나는 내가 원하는 것을 용기 있게 시도해 본 적이 있었는가?

- 난 내가 하고 싶은 것을 용기 있게 했었던가…

- 나도 죽기 전에 하고픈 일을 다해 봐야지. 친구와, 사랑하는 사람과…

- 내 생애 최고의 영화.. 자신이 하고 싶은 건 꼭 하자. 무서워하지 말라. 도전하라. 세상에.

- 죽기 전에 하고 싶은 일들을 해 나간다는 게 얼마나 매력적인 건지 느낄 수 있었다.

- 눈은 감겨도 가슴이 열릴 때까지 도전하게 만드는 영화!!!!!

앞서 다루었던 필자와 친한 동생이 일본인 여성과 교제한 사례도 물 흐르듯 자연스럽게 흘러갔던 것만은 아니다. 외모가 잘 생겨서 여성에게 인기가 많았던 동생이 자신이 어떤 여성에게 첫눈에 반한 것은 이번이 처음이라고 말하였다. 그래서 여성분이 일하는 카페에 들어가기 전 엄청 긴장한 표정을 지었다. 필자가 카페에 들어가자고 계속 얘기해도 잠깐만 기다리라며 망설였고 계속 시간만 흘러갔다. 결국 동생은 한숨을 쉬며 필자에게 얘기했다. 아무래도 저 여성분이 남자친구가 있을 거 같으니 그냥 여기서 돌아가자고 말하였다. 그리고 사죄의 의미로 처음 얘기했던 야끼니꾸는 매일 사 주겠다고 하였다. 필자는 동생에게 말했다. 지금 여기서 카페 안으로 들어가지 않는다면 나중에 귀국하는 비행기 안에서 크게 후회할 것이라고. 너무 잘하려고 하지 말고 숙소에서 우리가 연습했던 대화 평범하게 나누고만 가자고. 동생은 필자의 말을 듣고 용기를 내었고 결과는 앞서 언급하였듯이 이상형과의 교제에 성공하게 되었다.

가장 비참한 실패는 최선을 다했는데도 크게 실패하는 것이 아니다. 가장 비참한 실패는 본인의 마음속 깊은 곳에서 진심으로 원함에도 불구하고 두려움 때문에 시작도 하지 않고 포기하거나 혹은 포기하지도 않고 노력하지도 않고 망설이고 한탄만 하며 시간만 흐르는 삶을 사는 것이다.

자신만의 '진짜' 버킷 리스트를 실천하면서 당연히 실패할 수도 있을 것이고 만족스럽지 못한 경우도 있을 것이다. 하지만 정말 마음에 드는 경험을 한순간 용기를 내어서 실천한 것이 정말 잘한 일이라는 생각이 들 것이다. 성공하지 못해도 괜찮다. 잠깐은 무서움을 느끼겠지만 용기 있게 시도하고 실천했다면 성공 여부와 관계없이 나의 마음속 깊은 곳을 두드리는 경험이 될 것이다. 자신이 진정으로 원하는 경험을 하는 것은 인생에 있어서 투자할 만한 가치가 있는 일이다.

눈 딱 감고 한 걸음씩 계속 나아가자. 비록 작은 한 걸음이지만 당신은 진정한 행복으로 가는 흐름에 올라탄 것이다. 그 흐름을 타고 가다 보면 두 눈은 감겼지만 가슴은 열리는 순간을 맞이할 것이다.

《추천 해외여행 버킷 리스트》

망설임이 드는 버킷 리스트를 표시해 두자. 무의식적으로 원하고 있다는 증거다. 조금의 관심도 없다면 망설임 자체가 들지 않는다. 그리고 두려움이 생긴다면 앞서 언급한 이철우 박사님 책의 그래프를 떠올리며 눈 딱 감고 한 걸음씩 나아가자.

앞서 얘기했듯이 본인이 정말 좋아하는 것을 절반 정도 진행하고, 싫어하거나 평범하다고 생각되는 것들을 절반 정도 진행하는 것을 추천한다. 필자는 이렇게 버킷 리스트를 진행했을 때 가장 만족도가 높았다.

〈장기간 배낭 여행 혹은 외국에서 한 달 동안 살아 보기〉

용기 있는 선택으로 필자가 감동을 받았던 책은 오현숙 작가님의 『평생 꿈만 꿀까, 지금 떠날까』라는 책이었다. 딸과 아들이 있는 40대 여성이 1년 9개월 동안 50개 국을 여행한 경험을 책에 담았다. 작가님은 그나마 장기간 배낭 여행을 가려면 50세가 되기 전에는 가야겠다는 결심을 하셨다고 한다. 여성 혼자서 장기간 배낭 여행을 하는 것이 쉽지 않았을텐데 그렇게 마음 속에 꿈꾸고 있던 것들을 실천하는 용기와 결단력이 놀라웠다. 자신의 해외여행에 맞춰 아들에게 미루고 싶었던 군 입대를 꼭 하라고 이야기했고 만화 공부를 했던 딸에게는 일본으로 유학을 권하셨다고 한다.

함께 사는 가족 때문에 장기간 해외여행이 어렵다면 서로 마음을 터 놓고 대화를 나누어 보자. 서로 정말 원하는 것을 이야기하고 경청하는 시간을 가지고 어떻게 서로 양보할지 대화를 나누고 방법을 찾다 보면 좋은 해결책이 떠오른다.

"나는 여행지가 아닌 일상 속 여유로운 일본을 맛볼 수 있었다. 그 여유로움 속에서 오는 행복을 느낄 수 있었다. 가고 싶었던 여행지에 살아 보는 것, 배우고 싶은 언어를 배워 보는 것, 낯선 곳에서의 긴장감이 어느 순간 일상처럼 익숙해지는 어떤 순간들, 작지만 확실한 행복들."

-『일본에서 한 달을 산다는 것』양영은, 김민주 외 18명 공동 저자-

여행 가고 싶은 나라에서 한 달 동안 산다는 것은 평생 잊지 못할 행복한 추억이 될 수 있다. 잠시 바쁜 일상을 떠나 여유로움 속에서 오는 행복을 느낄 수 있다. 그리고 평소에 즐기고 싶었던 나라의 문화와 음식과 분위기를 마음껏 즐길 수 있다.

장기간 배낭 여행을 가거나 해외에서 한 달 동안 산다는 것은 다양하고 치밀한 준비가 필요하다. 각 나라에 대한 세부적인 내용은 '한 달 살기'라는 제목으로 도서관에서 검색을 해서 책을 보며 정보를 얻거나 인터넷 서점 사이트에서 '한 달 살기'로 검색을 하여 책을 구매하여 정보를 얻을 수 있다. 해외여행 계획을 효율적으로 세우는 거시적인 내용은 다음 챕터에서 다루었으니 참조하도록 하자.

〈반려견과 함께 해외여행 다녀오기〉

필자는 13년 동안 함께했던 요크셔테리어 강아지가 있었다. 합병증으로 죽은 강아지를 시간이 지나서 마음속에 묻고 살았는데 반려견과 함께 가까운 나라로 해외여행을 간 블로그 글을 보았다. 나도 저렇게 반려견과 해외여행을 가 볼 걸 하며 크게 후회했다. 코로나가 끝나면 지금 키우는 반려견과 함께 꼭 가까운 나라로 해외여행을 갈 계획을 세웠다. (반려동물과 해외여행을 갈 때 필요한 필수 정보들을 모아 놓은 커뮤니티를 추천한다. 네이버 카페 플라이 댕댕 https://cafe.naver.com/flydengdeng)

〈해외 놀이 공원에서 카운트 다운 외치며 1월 1일 맞이하기〉

12월 31일 놀이 공원에서는 평소와 다르게 폐점 시간이 늦다. 한 해를 마무리하는 카운트 다운 행사를 진행하기 때문이다. 유니버셜 스튜디오 혹은 디즈니랜드에서도 12월 31일 늦은 밤 새해를 맞기 전 카운트 다운을 시작한다.

'10, 9, 8, 7, 6, 5, 4, 3, 2, 1'

카운트 다운이 끝나면 폭죽이 터지면서 새해가 밝았음을 기념한다. 밤하늘 폭죽이 터지는 광경도 멋있지만 한 해를 새롭게 시작한다는 마음에 기분이 들뜬다. 주변에 사람들이 웃으면서 행복해하기 때문에 나 또한 기분이 매우 행복하다. 필자는 직장인이여서 아직 해 보지 못한 버킷 리스트다. 시간이 되면 연말에 연차를 사용하여 해외 놀이 공원에서 카운트 다운을 외치며 새해를 맞이할 것이다.

〈나라별 유니버셜 스튜디오 혹은 디즈니 랜드 방문하기〉

나라별로 유니버셜 스튜디오 혹은 디즈니 랜드를 방문하는 것은 아이가 있는 가족들이 매우 좋아할 만한 버킷 리스트며 혼자 가도 정말 즐겁다. 나라별로 퍼레이드와 어트랙션이 달라서 방문하는 즐거움이 있다.

예약은 '클룩'이라는 어플에서 하는 것을 추천한다. 보통 24시간 이내에 확정이 되며 E-바우처를 제시하면 티켓을 끊기 위해 줄을 서서 기다릴 필요 없이 바로 입장할 수 있다.

유니버셜 스튜디오 그리고 디즈니 모두 나라별로 어플이 있으니 방문하기 전에 설치하자. 예를 들어 프랑스 파리 디즈니 랜드에 방문한다면 파리 디즈니 랜드 어플을 설치하면 된다. 한국에서는 어플 설치가 안 되니 현지 국가에 가서 설치해야 한다. 어플에는 퍼레이드, 식당, 어트랙션 대기 시간을 확인할 수 있다. 어플에서 어트랙션 대기 시간을 보면서 대기 시간이 적은 곳에 먼저 가서 타다 보면 많은 어트랙션을 효율적으로 즐길 수 있다. 특히 야간 퍼레이드와 불꽃놀이는 정말 아름답고 멋지니 꼭 구경하도록 하자.

비가 오지 않는 날을 확인하여 예약하는 것을 추천한다. 비가 올 경우 안전상의 이유로 퍼레이드가 취소될 수 있다. 혹시 비가 올지도 모르니 가방에 작은 우산과 우비를 챙겨 가는 것도 추천한다.

유니버셜 스튜디오 혹은 디즈니의 분위기를 경험하고 퍼레이드와 불꽃놀이 같은 이벤트와 한 해를 마무리하는 카운트 다운을 즐기고 싶다면 12월 31일 예약을 추천하며 많은 어트랙션을 경험하고 싶다면 주말이나 공휴일이 아닌 주중에 방문하는 것을 추천한다.

체력도 잘 고려해야 한다. 다양한 어트랙션을 즐기고 싶다면 아침 일찍 방문하는 것을 추천하며 야간 퍼레이드와 불꽃놀이까지 즐기며 밤 늦게까지 놀 계획이라면 전날 밤을 푹 자고 점심 전후로 방문하는 것을 추천한다.

〈해외여행 가서 좋아하는 가수 라이브 콘서트 가기〉

해외여행을 가서 마음에 드는 가수 라이브 콘서트를 가서 마음껏 소리지르고 야광봉을 흔들다 보면 힘들고 괴로웠던 일들은 모두 잊혀지고 내 마음속에 행복함과 시원함만 남는다.

콘서트 티켓 예매는 선착순이 아닐 경우 추첨으로 예매를 진행한다. 아티스트 공식 사이트 혹은 공연 예매 전문 사이트에서 진행이 된다.

해외 팬덤이 많은 가수 같은 경우에는 해외 거주자 전용 응모 페이지가 예매 사이트에 있으며 해외 발행 신용카드 결제가 가능하다. 그러나 대부분 해외 콘서트에서는 해외 팬덤이 많지 않기 때문에 해외 발행 신용카드 결제를 받아 주지 않는 경우가 많다. 그래서 대행 사이트를 통해서 예약을 하거나 외국에 있는 지인 혹은 친구를 통해서 예약을 진행해야 한다. 그렇기 때문에 이 버킷 리스트를 준비할 때 가장 유용한 것이 외국인 친구를 사귀는 것이다. 외국인 친구에게 약간의 수고비를 주어 예매를 부탁하거나 티켓을 사 주는 대신 예매를 부탁하여 같이 콘서트장에서 노래를 즐길 수 있다. 해외 콘서트에서 좋아하는 가수의 음악을 따라 부르며 잊지 못할 추억을 만들어 보자.

〈외국에서 각 나라별 유명 맥주 마셔 보기〉

• 라거와 에일

맥주는 발효 방식에 따라 크게 라거와 에일로 나누어진다.

라거는 9~15도의 저온에서 맥주를 발효시킨다. 맑은 황금빛을 띄며 가볍고 목 넘김이 부드러우며 청량감을 가진 것이 특징이다. 맥주캔에 별다른 설명이 없다면 대부분이 라거 맥주다. 대표적인 예로는 둥켈, 필스너, 페일 라거 등의 맥주가 있다. 해외여행을 가서 목이 마를 경우에는 에일보다는 청량감이 느껴지는 라거를 마시는 것이 더욱 맛있게 느껴진다.

에일은 18~25도의 온도에서 2주 가량 발효시키고 15도 정도에서 약 1주간 숙성을 거쳐 발효시킨다. 비교적 고온에서 발효시켜 효모가 위로 뜨기 때문에 색깔이 짙고, 쌉쌀하고 강한 맛을 가졌고, 진하고 깊은 목 넘김이 특징이다. 보통 라거 맥주보다 도수가 높은 편이다. 대표적인 예로는 스타우트, 듀벨, 바이젠, 퀸즈 에일, 호가든, 레페 등이 있다.

가볍게 즐길 때는 라거 종류의 맥주를 추천한다.

- 페일 라거: 밝은 색을 Pale로 표현한다. 이름만큼 색이 밝고 탄산이 풍부해 청량감이 느껴진다. 대다수 국산 맥주 브랜드가 페일 라거에 속한다.
- 필스너: 가벼우면서 부드러운 맛이다. 대부분의 독일산, 체코 맥주가 필스너이며 도수가 3~4%라 부담 없이 즐길 수 있다.
- 둥켈: 어두운이라는 뜻을 독일어로 표현하면 Dunkel 이다. 색이 짙어 써 보이지만 에일 흑맥주인 스타우트보다는 쓴 맛이 덜하다. 볶은 보리를 사용해 맛이 구수하다.

좀 더 진하게 즐길 때는 에일 종류의 맥주를 추천한다.

- 바이젠: 에일 종류에서 가장 가볍게 즐길 수 있는 맥주다. 필스너처럼 가볍고 부드럽지만 과일향이 난다. 대부분의 맥주가 보리로 만들지만 바이젠은 밀로 만든다. 색깔이 연하고 홉의 쓴 맛이 덜하다.
- 페일 에일: 에일 맥주 중에서 색이 밝은 편이다. 라거보다 진하게 즐기고 싶고 너무 진한 에일이 부담스럽다면 페일 에일이 딱 좋다. 도수는 4~6%이며 적당히 쓴 맛이 난다.
- 사우어 에일(람빅): 독특한 맥주를 먹고 싶다면 추천한다. 맥주 효모 외에 박테리아 등의 야생 효모를 사용하여 제조 과정이 까다로워서 대량 생산되지 않는 맥주다. 숙성 상태 그대로인 언블렌디드, 1년 숙성인 람빅과 2~3년 숙성의 람빅을 섞어서 만든 괴즈, 과일을 첨가한 과일 람빅 등이 있다. 도수는 4~8% 정도로 다양하다. 시큼한 맛이 나기에 흔하지 않은 맛이다.

해외여행 준비 TIP 모음

- 인디안 페일 에일: 홉이 많이 들어간 맥주로 그만큼 맛과 향이 강하다. 도수도 5.5~7.5%로 일반 페일 에일에 비해 높은 편이다. 묵직하고 강하고 구수한 맛이 나서 매니아층을 두껍게 형성하고 있다.
- 스타우트: 강하다를 영어로 Scout로 표현한다. 까맣게 볶은 맥아를 사용하여 색이 진하다. 흔히 흑맥주로 알려진 종류가 여기에 속한다. 도수는 8% 정도로 가장 높은 편에 속한다. 가장 묵직한 맥주를 원한다면 스타우트를 추천한다.

〈펍〉

펍(Pub)은 public house를 줄인 말이다. 주로 맥주를 마시는 공간을 의미하는데 대다수의 펍이 저녁뿐만 아니라 오전이나 아침에도 문을 연다. 축구 경기와 같은 스포츠 이벤트가 있을 때 사람들과 함께 모니터에서 경기를 볼 수 있다. 퀴즈나 각종 게임을 열기도 하니 마음에 든다면 참가해 보자. 한 가지 맥주가 아니라 다양한 맥주를 여러 가지 마셔 보고 싶다면 파인트가 아니라 하프 파인트에 달라고 요청하자. 절반 가격에 적은 양을 주문할 수 있다.

〈나라별 유명 맥주〉

• 프랑스: 크로넨부르그 1664
프랑스는 와인만큼 맥주가 유명하다. 프랑스에서 가장 많이 팔리며 서유럽에서 2번째로 많이 팔리는 맥주다. 이 맥주는 맛도 부드럽고 목을 타고 넘어가는 느낌 또한 부드럽다. 프랑스 맥주답게 샴페인 느낌이 살짝 난다.

• 영국: 기네스, 스타우트

기네스는 영국을 대표하는 맥주로 한국에서도 많이 알려져 있는 브랜드지만 한국에서 먹는 맛보다 런던 펍에서 먹는 맛이 향도 진하고 거품도 오래 남아 있어서 더욱 맛있다. 스타우트는 강한 맛과 높은 도수(8%)의 맥주로 분위기가 좋아 진하게 취하고 싶다면 추천하는 맥주다.

• 오스트리아: 오타크링거, 지퍼

오타크링거 맥주는 비엔나에서 가장 사랑받는 맥주다. 목넘김이 좋고 톡 쏘는 맛이 있다. 지퍼는 깨끗한 알프스 맥주로 만들어져 살짝 독특한 향이 밴 맛있는 맥주다. 오스트리아 맥주는 한국에서 대체 맥주를 찾기 어려우므로 오스트리아에 방문한다면 꼭 한 잔씩 먹어 보도록 하자.

• 독일: 벡스, 에딩거, 레벤브로이

독일의 물은 석회 성분이 많아서 독일 사람들은 물 대신 맥주를 즐겨 마신다. 독일은 매년 10월마다 맥주 축제인 옥토버 페스티발을 여는데 기회가 된다면 참가해서 즐겨 보는 것도 좋다.

벡스는 독일에서 가장 많이 수출되는 맥주로 쌉싸름한 맛이 강하고 기분 좋은 청량감을 느낄 수 있다. 에딩거는 독일의 대표적인 밀 맥주로 진한 오렌지 색을 띄고 있다. 적당히 부드럽고 은은한 꽃향이 난다. 레벤브

해외여행 준비 TIP 모음

로이는 마시면 고소한 맛이 나서 맛있다. 보리 자체의 고소함을 넘어서 보리 껍질을 먹었을 때의 좀 더 고소한 맛이 난다. 크게 자극적인 맛은 아니지만 계속해서 마시게 되는 매력을 가진 맥주다.

• 벨기에: 주필러, 호가든, 스텔라 아르투아

주필러는 벨기에에서 가장 많이 팔리는 맥주로 일반 라거 맥주지만 뒷맛이 가장 깔끔한 맥주다. 그래서 어떤 음식과 함께 주필러를 마셔도 잘 어울린다. 벨기에는 초콜릿과 와플이 유명하니 방문했다면 초콜릿과 와플도 꼭 먹어 보도록 하자. 호가든은 기본 맥주 재료인 밀, 홉, 효모 외에 오렌지 껍질과 고수 등을 넣은 새로운 제조법을 사용하여 달콤하고 산뜻한 과일 향이 나는 것이 특징이다. 스텔라 아르투아는 전 세계로 수출되는 맥주로써 옥수수가 들어가서 약간 단맛이 느껴지고 홉의 쓴 맛이 다른 필스너 맥주보다 덜하기 때문에 호불호가 갈리지 않는 대중적인 맥주다.

• 네덜란드: 하이네켄

이미 한국에서도 유명한 맥주다. 맛 자체는 익숙한 라거의 맛이라 테라, 오비, 카스를 좋아하는 사람들에게 하이네켄을 추천한다.

• 일본: 에비스, 아사히, 기린, 삿포로, 산토리(프리미엄 제품 위주로 소개)

(1) 일반 제품 추천 맥주

- 에비스 마이스터: 삿포로 맥주 주조 기술자 50명이 모여 개발한

프리미엄 맥주.

- 에비스 하나 미야비: 상면 효모를 사용한 화이트 맥주.
- 아사히 드라이 프리미엄: 맥아의 양을 1.2배 늘리고 달콤하고 고소한 몰츠향이 난다.
- 산토리 프리미엄 몰츠: 유럽의 최고 맥주를 가리는 몽드 셀렉션에서 처음으로 최고금상 수상, 2005년부터 2007년까지 3년 연속 수상, 산토리 매출 증가와 일본 프리미엄 맥주 중에 최고로 평가받는 맥주. 일본 맥주 중 가장 맛있다는 평가를 많이 받는 편이다.

(2) 발포주 추천

맥아의 사용 비율을 낮추고 맥주 맛을 그대로 내려고 한 맥주. 맥아 비율이 낮아서 가격이 조금 저렴하며 맥이나 당질을 줄여서 여성들에게 인기가 많다.

- 기린 탄레이 고쿠조(극상): 발포주지만 일반 맥주만큼 풍미가 좋으며 개인적으로 필자가 가장 좋아하는 맥주다.
- 기린 플래티넘 더블: 당질과 퓨린(요산을 높이는 성분)이 제로인 맥주.

〈해외 유명 맥주 공장 견학하기〉

독일 에딩거 맥주 공장, 프랑스 크로넨부르그 맥주 공장, 일본 아사히 맥주 공장, 오스트리아 오타크링거 맥주 공장 등 세계에는 여러 맥주 공장이 있고 그곳에 견학을 가서 갓 만든 신선한 맥주를 먹을 수 있다. 확실히 공장에서 갓 만든 맥주여서 일반 편의점에서 사는 맥주와는 차원이 다르게 맛있다.

대다수의 공장이 미리 인터넷으로 예약을 해야 공장 견학을 갈 수 있으니 방문하기 전에 꼭 인터넷으로 검색하고 예약을 하고 방문하자. 또한, 코로나로 인해 견학이 금지되거나 일시적으로 중단된 공장이 있으니 방문하기 전에 미리 확인을 하고 방문해야 한다.

〈해외에 가서 현지 영화 혹은 현지 드라마 시청하기〉

해외여행을 좀 더 몰입하며 재밌게 즐길 수 있는 방법은 어떤 것이 있을까? 공부를 생각하자면 예습하는 것이 있고 영화를 생각하자면 예고편 동영상을 보는 것이 있다. 이것을 응용하자면 여행 가는 나라의 드라마, 영화, 예능 프로그램을 보면 해외여행을 갔을 때 더욱 그 나라의 분위기에 몰입하여 여행을 즐겁게 즐길 수 있다.

하지만 필자는 한 걸음 더 나아가서 여행 간 나라에서 그 나라의 영화를 보는 것을 추천한다. 해외 영화관에서 영화를 보면 한국어 자막이 나오지 않아 현지 언어를 모른다면 이해하기가 어려우니 한글 자막이 포함된 영화를 숙소 호텔 티비로 보는 것을 추천한다. 인터넷에서 자막이 포함된 영화 파일 혹은 영화 파일과 자막 파일을 다운로드 받아서 스마트폰에 저장한다. HDMI 선을 인터넷 쇼핑몰에서 구매하여 호텔 티비에 연결하면 내 스마트폰 화면이 호텔 티비에 보인다. 그래서 내 스마트폰으로 영화를 재생하면 호텔 티비에 영화가 그대로 재생된다.

홍콩에서 홍콩 영화를 보고, 일본에서 일본 영화를 보고, 미국에서 미국 영화를 본다면 어떤 느낌이 들지 생각해 본 적이 있는가? 그렇다. 무언가 확실히 특별한 느낌이 든다.

필자가 처음으로 일본 오사카에 여행 갔을 때 길을 잘못 가서 버스를 타고 원래 장소로 돌아갔던 경험이 있다. 정류장에는 하얀 파카에 단발머리를 한 여성이 있었다. 지적이면서 세련된 느낌이 들었다. 나와 그녀는 같은 버스에 타게 되었다. 버스 안에서 나는 그 여성에게 다가서서 영어를 할 줄 아냐고 물었다. 할 줄 안다고 해서 목적지에 관한 질문으로 대화가 시작되었다. 대화를 하며 서로 농담도 하고 분위기가 좋아졌다. 서로 친구하자고 라인 아이디를 받았다. 그녀에게 외국인 친구는 필자가 처음인 것 같았다. 그녀는 호기심 있는 말투로 필자에게 라인 메시지를 계속 보냈다.

저녁 식사를 마치고 호텔로 돌아와서 불을 끈 채 호텔 티비 화면으로 스마트폰에 담긴 영화를 보았다. 스마트폰에 HDMI 선을 연결하면 스마트폰 화면이 호텔 티비에 그대로 재생된다. 그 당시 보았던 영화는 〈너의 이름은〉이라는 일본 애니메이션 로맨스 영화였고 두 주인공의 사랑 이야기가 낭만적으로 느껴졌다. 영화를 보는 도중에도 그녀는 필자에게 계속 메시지를 보냈다. 호텔 티비 속 영화 장면 위에 그녀의 라인 메시지가 보였다.

호텔 방 안에서 불이 꺼진 채로 티비 화면에는 남녀가 서로 사랑하는 감정을 보여 주는 장면이 나왔고 그 위에는 그녀가 나에게 보낸 라인 메시지가 보였다. 필자는 아직도 그 순간이 잊혀지지 않는다. 그 순간만큼은 나도 로맨스 영화 속 주인공이 된 기분이었다.

이때 느꼈던 추억은 정말 특별했고 잊혀지지 않아서 친구들에게도 알려 주었다. 홍콩에 가는 친구에게는 〈중경삼림〉을 추천했고, 대만에 가는 친구에게는 〈나의 소녀시대〉를 추천했다. HDMI 선으로 스마트폰을 티비 화면과 연결하는 방법을 알려 주었고 호텔 숙소에서 밤에 불을 끄고 보라는 조언도 해 주었다.

그날 여행을 마치고 호텔 숙소에서 불을 끈 채 티비만 틀어놓고 가벼운 간식을 먹으면 내가 머무는 호텔 숙소가 작은 영화관으로 바뀐 느낌이 든다. 영화 2편(〈중경삼림〉, 〈나의 소녀시대〉) 모두 여운이 오래 가는 명작 영화다. 홍콩에 간 친구는 홍콩에서 홍콩 영화를 보고 대만에 간 친구는 대만에서 대만 영화를 보다 보니 더욱 몰입해서 영화를 보았다. 친구들 모두 정말 좋은 아이디어였다면서 필자에게 감사의 말을 전했다.

간혹 여행 가서 너무 많이 걸은 날이나 그날따라 컨디션이 좋지 않아 저녁에 일찍 들어와 호텔에서 쉬고 싶은 날이 있다. 아니면 여행 일정을 널널하게 잡아 호텔에 들어와도 잠들기 전까지 시간이 많이 남는 경우가 있다.

이럴 경우에도 해외 숙소에서 영화를 보면 좋은 추억을 만들 수 있다. 코미디 영화를 보면서 실컷 웃으며 스트레스를 풀 수 있고, 액션 영화를 보면서 통쾌함을 느낄 수 있고, 로맨스 영화를 보면서 설레는 마음을 가질 수 있다. (꼭 영화만 볼 필요는 없다. 현지 드라마나 현지 예능 프로그램도 좋다.)

아쉽게도 한국에서 넷플릭스를 결제했어도 외국에서는 한국 넷플릭스가 시청이 되지 않는다. 그러니 스마트폰에 영화를 저장해서 해외 호텔 티비로 연결해서 보는 방법이 가장 좋다.

당기는 해외 영화가 없다면 유투브를 보면서 시간을 보낼 수 있는데 스마트폰 화면으로 보는 것보다는 확실히 호텔 티비로 보는 것이 편하다. 그러니 HDMI 선을 미리 구매하자. 또한 미리 한국에서 티비 혹은 컴퓨터 모니터 화면으로 나오는지 테스트 해 보고 외국으로 가져가자. (컴퓨터 모니터 화면에서 되면 티비 화면에서도 된다.)

아이폰의 경우 영화를 스마트폰에 담으려면 전환을 해야 한다. 안드로이드 폰은 그럴 필요가 없다. 영상을 전환하여 아이폰에 담는 것이 번거로울 경우 중고 안드로이드 스마트폰이나 중고 안드로이드 태블릿을 구매하여 그 안에 영화를 담고 해외여행 때 가져가는 것도 좋은 방법이다.

스마트폰에 영화를 담았는데 어떤 영화는 아예 재생이 안 되거나 영상은 나오는데 소리가 안 나오는 경우가 있다. 이럴 경우에는 구글 플레이 스토어에서 xplayer를 검색하면 무료 어플을 설치할 수 있다. 그 어플을 통해서 영화를 재생하면 모든 영화를 정상적으로 재생할 수 있다.

처음 보는 영화를 볼 경우 재미 없어서 실망할 수도 있다. 그러니 해당 영화 평점을 잘 보고 고르자. 혼자 여행 가면 내 취향에 맞는 영화를 보면 괜찮겠지만 다른 사람들과 함께 갈 경우 미리 의논해서 보고 싶은 영화를 고르는 것도 좋다.

〈노천 카페에 앉아 풍경을 즐기며 커피 마시기〉

노천 카페(건물 밖에 탁자와 의자를 놓고 손님들이 간단한 차와 음료를 마실 수 있게 되어 있는 찻집)에 앉아서 사람들과 풍경을 즐기며 커피를 한 모금 마시는 순간, 피로가 풀리고 작은 행복을 느낄 수 있다. 이 버킷 리스트는 비교적 온도가 편안하게 느껴지는 봄이나 가을에 즐기는 것을 추천한다.

가을에 해외 노천 카페에서 맑은 하늘을 보며 시원한 바람을 맞으며 평소에 읽고 싶었던 책을 읽었다. 커피 한 모금을 마시며 깊은 향을 느꼈고 눈을 감고 읽었던 책을 떠올리며 사색에 잠겼다. 복잡하고 힘들었던 일상 속에서 이런 경험을 통해 진정한 힐링을 할 수 있었다. 그 느낌이 매우 좋아서 코로나가 종식되어 해외에 갈 수 있다면 가장 먼저 다시 해 보고 싶은 버킷 리스트이다.

〈야외 온천에서 밤하늘의 별과 달을 바라보기〉

야외 온천은 날씨가 추울 때 가장 기분이 좋다. 바깥 공기는 춥지만 온천 안으로 들어가면 하반신이 따뜻해져 피로가 풀리면서 기분 좋은 느낌이 든다. 그렇기에 야외 온천은 가을 혹은 겨울에 방문하는 편이다. 특히 밤에 보름달을 보며 야외 온천을 즐길 때가 분위기가 매우 좋아 가장 기억에 남았다.

온천과 멋진 풍경이 어우러진 경치를 천천히 즐겨 보자. 그렇게 온천을 즐기고 숙소에 돌아와서 티비를 보면서 현지 외국어를 들으며 커피 우유 혹은 맛있는 맥주를 한 모금씩 마셔 보자. 진정한 소확행(소소하지만 확실한 행복)을 느낄 수 있다.

〈해외 영화 촬영지 혹은 해외 만화 장소 방문하여 사진 찍기〉

만화 슬램덩크를 좋아해 일본 여행을 갔을 때 가마쿠라 고등학교 앞을 방문하는 사람들이 많다. 워낙 유명한 장소라 평일에도 여러 여행객들과 관광객들이 방문한다. 만화처럼 도로 중간에는 실제로 열차가 다니고 위쪽으로 조금만 올라가면 가마쿠라 고등학교가 보인다. (관광객들이 하도 많이 와서 고등학교 앞에는 외부인 접근 금지 표지판이 세워져 있다.)바닷가 쪽에는 서핑하기 좋아서 실제로 많은 사람들이 서핑을 한다고 한다.

이렇듯 해외 영화 촬영지나 해외 만화에서 나온 장소에 방문하여 구경하고 그 장소에 혼자 혹은 친구들과 함께 사진을 찍어 보자. 시간이 지나도 평생 기억될 좋은 추억이 될 것이다.

〈해외에 가서 그 나라 사람들이 입는 전통 옷을 입어 보기〉

외국인들도 한국에 방문했을 때 한복을 입고 사진을 찍는 것을 즐긴다. 마찬가지로 해외에 가서 현지 전통 옷을 입고 사진을 찍어 보자. 그 나라에서 느낄 수 있는 전통에 좀 더 집중할 수 있고 좋은 추억이 될 수 있다.

〈시티팝 들으며 야경 즐기기〉

야경을 더욱 분위기 있게 즐기는 방법은 시티팝을 들으면서 즐기는 것이다. 시티팝은 1970년대 중후반부터 1980년대 일본에서 시작된 도회적이고 세련된 분위기의 음악이자 일본 버블 경제 시대를 대표하는 음악이다. 특징은 비트는 강하지만 템포가 느리며 특유의 레트로적인 감성을 가지고 있다. 그래서 시티팝을 들으면 눈 감고 있어도 도시의 야경이 보이는 것 같은 느낌이 든다. 일본 버블 시절 사람들의 호화롭고 자유로웠던 분위기, 그 시대의 낭만과 여유로움, 그리고 외로움을 모두 느낄 수 있다. 그렇기에 야경을 보며 시티팝을 듣다 보면 영화 속 주인공이 된 것 같은 느낌이 든다.

야경을 즐기는 방법은 3가지가 있다. 첫째, 전망대에 높이 올라가서 야경 즐기기. 둘째, 렌트카를 빌려서 하루 일정을 마치고 숙소에 돌아오며 네온 사인을 보며 야경 즐기기. 셋째, 밤거리를 천천히 걸으며 야경 즐기기.

사랑하는 사람이 있다면 커플 이어폰을 구매하여 같이 시티팝을 들으며 높은 전망대에서 야경을 혹은 밤거리를 천천히 걸으며 야경을 즐기자. 또한 해외에서 렌트카를 빌린다면 AUX 선을 구매하자. AUX 선과 스마트폰을 연결하면 스마트폰에서 재생되는 음악이 차의 스피커와 연결이 되어 재생이 된다. 하루 일정을 마치고 돌아올 때 차 밖의 네온 사인을 보며 시티팝을 들어 보자. 잊지 못할 좋은 추억이 될 것이다. 솔로여도 괜찮다. 혼자서 시티팝을 들으며 야경을 즐겨도 매우 좋은 추억이 될 것이다.

[시티팝 초보 추천곡]

(1) 타케우치 마리야-〈Plastic Love〉
(2) ANRI-〈Last Summer Whisper〉
(3) 야마시타 타츠로-〈Someday〉

개인적으로 100번 이상 들었던 시티팝 곡들.

(1) Tomoko Aran - 〈Midnight Pretenders〉/The Weeknd-〈Out of Time〉

토모코 아란이 원곡자이고 위켄드가 샘플링해서 불렀다. 처음에 접한 곡은 위켄드의 곡이었는데 듣자마자 이 노래에 빠져서 그날은 계속 이 노래만 들었다.

(2) 나카모리 아키나 - 〈Oh No, Oh Yes!〉

타케우치 마리야가 작곡 작사한 곡이다. 타케우치 마리야 버전도 좋지만 분위기는 나카모리 아키나가 부른 버전이 훨씬 좋다. 원래 〈천녀유혼〉 주인공이을 나카모리 아키나를 염두에 두고 제작했지만 아키나가 거절하여 왕조현의 〈천녀유혼〉이 탄생했다고 한다. 아키나가 참여한 〈천녀유혼〉도 멋졌을 것이라고 생각한다. 유투브에서 이 노래를 처음 들었을 때 아키나가 무대에서 보여 주었던 표정, 음색, 외모를 보며 영화 한 편을 본 것 같은 느낌이 들었다. 이 유투브 영상에는 모두가 공감하는 댓글이 있었다. '절대 한 번만 볼 수 없는 무대'

(3) Tube - 〈Season in the sun〉

여름에 듣는 것을 가장 추천하는 노래다. 우리나라 가수 정재욱씨가 한글 버전으로 리메이크하여 노래를 불렀다.

(4) 〈여름을 안고서〉

이 노래 또한 여름에 들으면 매우 기분이 좋고 상쾌하다. 원곡보다는 유투브에서 라이브 버전을 검색하여 들으면 더욱 신나게 느껴진다.

(5) 〈유리의 기억(유리 같은 추억들)〉(가수 캔=〈내 생에 봄 날은〉의 원곡)

가수 캔이 불렀던 〈내 생애 봄 날은〉의 원곡이 Tube의 〈유리 같은 추억들〉이다. 2004년 Tube 내한 콘서트 당시 가수 캔과 함께 합동 공연을 하며 이 노래의 일본 가사와 한국 가사를 번갈아가면서 함께 불렀다. 한국 노래 가사는 뒷골목에서 살았던 건달의 마지막 회상을 담고 있지만 일본 노래 가사는 이별한 남자의 평범한 추억을 회상하는 내용을 담고 있으며 가사가 한 편의 시처럼 느껴진다. '사진에서는 아직 사이가 좋은 두 사람이네. 당신이 다시 한번 나를 꽉 안아 준다면 말라 있던 눈물은 반짝반짝 빛나겠죠. 유리 같은 추억들.' 유투브에서 '튜브 〈유리 같은 추억들〉'을 검색하면 튜브와 캔이 2004년 콘서트에서 합동 공연한 영상을 감상할 수 있다.

(6) 윤종신 Kingo Hamada 콜라보레이션 - 〈Rainy happy day〉

야경이 보이는 높은 빌딩에 갔는데 비가 와서 구름 때문에 잘 보이지 않는다고 실망하지 말자. 이 노래를 들으면 비 오는 야경이라도 분위기 있게 즐길 수 있다. 또한, 비 오는 날 낮에서 창 밖을 바라보며 들어도 좋은 곡이다. 필자는 해외여행을 갔을 때 비가 온다면 낮에 풍경이 잘 보이는 카페 창문에 앉아 이 노래를 들으며 비 내리는 창 밖을 바라보며 그 순간을 즐기고 싶다.

(7) 〈기분〉/〈생각〉

〈기분〉은 월간 윤종신 2020년 7월에 나왔던 곡이고 〈생각〉은 2020년 8월에 나온 곡이다. 킨고 하마다가 윤종신에게 보내 준 두 가지 버전의 편곡이었다. 윤종신은 대조적인 개성에 반해 둘 중 한 곡을 고르기보다는 모두 살려서 완성하였다고 한다. 기분은 맑은 여름 햇빛이 떠오르는 신나는 느낌이지만 생각은 색소폰을 사용하여 무더운 여름날 물놀이를 하다 밤에 차를 타고 돌아올 때 밤 풍경이 보이는 것 같은 편안한 느낌이 든다.

(8) 윤종신 - 〈Night drive〉

전주를 듣다 보면 야마시타 타츠로 느낌이 든다. 사랑하는 사람과 함께 드라이브를 즐기는 노래다. 이성 친구와 함께 해외여행을 가서 렌트카를 빌려서 여행을 갈 예정이라면 하루 일정이 끝나고 숙소로 돌아올 때 이 노래를 틀어 보자. 매우 좋은 분위기를 만들 수 있다.

(9) 〈왠지 그럼 안 될 것 같아〉

윤종신이 작곡하였으며 타케우치 미유라는 일본 여가수가 한국어로 부른 노래다. 일본인 가수 특유의 발성이 한국어로 표현되어 시티팝 느낌이 많이 난다. 한국어의 자연스러움보다 외국인 특유의 어색한 발음이 오히려 노래 내용과 훨씬 더 잘 어울린다.

(10) Saito Marina - 〈Crazy for You〉

해외여행을 가서 기분 전환을 하고 싶다면 현지에 가서 이 곡을 꼭 들어 보자. 멜로디가 워낙 신나고 좋아서 한 번 들으면 계속 이 곡만 듣고 흥얼거리게 된다. 힘들고 지쳤을 때 이 곡이 큰 힘이 될 것이다.

〈우정 여행〉

필자가 추천했던 영화 버킷 리스트처럼 둘이서 우정 여행을 떠나는 것도 좋은 추억을 만들 수 있다. 해외여행을 가기 전 베스트프렌드와 영화 버킷 리스트를 같이 보고 필자의 책을 보면서 같이 여행 일정을 세워 보자. 베스트 프렌드가 나와 성향이 비슷하다면 싸울 일이 없어서 좋고 만약 다르다면 새로운 경험을 하며 신선한 느낌을 받을 수 있어서 좋다. 단, 정말 취향이 맞지 않아 다툼이 생길 수 있으니 해외여행 가기 전에 많은 대화를 나누며 여행 일정에 대해서 합의를 하는 것이 좋다.

〈나 홀로 이별 여행〉

인생을 살며 가장 힘든 일 중 하나는 사랑하는 사람과 이별을 했을 때다. 이럴 경우 조용히 혼자서 이별 여행을 가는 것도 많은 위로가 된다.

첫째, 일정을 넉넉하게 잡고 조용히 편안하게 가고 싶은 장소를 가서 편안하게 쉬자.

　　　　　　　　　　　　　　해외여행 준비 TIP 모음

조용히 혼자서 하는 여행이기 때문에 일정을 빡빡하게 잡으면 오히려 더 스트레스를 받는다. 평소에 가고 싶었던 장소에 가고 먹고 싶었던 음식을 먹으면서 편안하게 쉬자. 때로는 무언가 계속 하려고 하기보다는 아무것도 하지 않고 쉬는 것이 생각을 정리하고 마음을 편안하게 만드는 데 도움이 된다.

둘째, 예전의 사랑을 회상하며 미소 지을 수 있는 따뜻한 노래를 듣자.

몸을 못 가눌 정도로 술을 마시고 싶은 만큼 슬픈 이별 노래를 듣는 것은 추천하지 않는다. 해외에 가서 그렇게 술을 마셔서 취할 경우 위험한 일을 겪을 수 있기 때문이다. 편안하게 쉬면서 예전에 사랑했던 순간을 떠올리며 미소 지을 수 있는 따뜻한 노래를 듣자. 아래 노래들은 실제로 필자가 실연으로 힘들어하는 지인들에게 추천해 줘서 고맙다는 이야기를 들은 노래다.

(1) 성시경 - 〈그 길을 걷다가〉

(가사)그대도 나를 잊어 가나요. 누구나 다 그렇게 잊고 잊혀져 가며 사는 거겠죠. 행여 걱정 말아요. 나도 행복해질래요. 충분히 외로웠어요. 그동안.

(2) 김동률 - 〈귀향〉

(가사)우리 둘은 사랑했었고 오래전에 헤어져 널 이미 다른 세상에 묻기로 했으니. 그래 끝없이 흘러가는 세월에 쓸려 그저 뒤돌아본 채로 떠밀려 왔지만 나의 기쁨이라면 그래도 위안이라면 그 시절은 아름다운 채로. 늘 그대로라는 것.

(3) 윤종신 - 〈동네 한 바퀴〉

(가사)우리 동네 하늘의 오늘 영화는 몇 해 전 너와 나의 이별 이야기. 또 바뀌어 버린 계절이 내게 준 이 밤. 동네 한 바퀴만 걷다 올게요.

(4) 임창정 - 〈위로〉

(가사)그대 머물던 너무나 아름다운 기억에 난 가끔 서글픈 그리움조차 위로가 되죠. 그대 너무 멀어지진 말아요. 나의 사랑 느껴질 수 없어요. 마주할 수는 없지만 이별은 아니죠. 잠시 멈춰 있을 뿐이죠.

(5) 나윤권 - 〈바람이 좋은 날〉

(가사)바람이 참 좋은 날. 나는 너와 함께 걷고 있었다. 기억을 따라. 오늘 같았던 어느 계절의 바람 속에 이 길을 걷고 있었던 우리. 정말 행복했었다. 어떤 기억으로 남아 있을까. 나는 너에게. 바람 좋은 날.

해외여행 준비 TIP 모음

쓸쓸해진 마음에 부는 너의 기억에 난 기대어 본다.

(6) 강성훈 - 〈아껴 둔 이야기〉

(가사)희망에 기대어 보면 내일은 와 줄 것 같은데. 두 팔을 벌려 너의 그늘이 되어 주고 싶은데. 동전 하나를 모으듯 너의 기억을 채우면 비 개인 하늘에 환히 웃는 넌 무지개로.

셋째, 마음에 드는 현지인에게 말을 걸어 보자.

사람으로부터 받은 상처는 사람으로 잊는 것이 가장 좋다. 나의 성향과 맞는 좋은 사람을 만나며 좋은 추억을 만들다 보면 힘들거나 괴로웠던 기억들은 사라지고 편안하고 즐거운 감정만이 나에게 남아 있게 된다. 나 홀로 해외에 이별 여행을 떠났는데 현지인에게 말을 걸면 그 사람과 친구과 되거나 인연이 되는 경우가 있을 수도 있다. 아니면 현지인과 친구가 되어 주변 사람을 소개받아 인연이 되는 경우도 생길 수 있다. 이렇게 해외에서 좋은 외국인 친구를 사귀게 된다면 사랑했던 사람이 마지막으로 나에게 준 선물로 생각하자. 그리고 좋은 사람을 만나며 좋은 추억들을 만들고 이별로 느꼈던 슬픔과 괴로움을 편안하게 떠오를 수 있는 추억으로 만들자.

어느 정도 연애를 하며 경험을 쌓다 보면 나름대로 실연에 대해서 어떻게 대처해야 되는지 깨닫게 된다. 처음에는 사귀었던 사람과 헤어지기 싫지만 새로운 사람을 만나다 보면 그 사람과 예전보다 더 깊은 사랑에 빠지는 경우가 있다. 또한, 시간이 지났을 때 헤어진 사람에게 먼저 연락이 오거나 혹은 먼저 연락을 하면 다시 만날 수 있는 경우도 있다.

평생 못 만난다고 생각하지 말고 잠시 떨어져 있다고 생각하자. 헤어진 후 계절이 바뀌는 시간인 3개월 정도 지나면 힘들었던 마음이 많이 안정된다. 혹시 내가 잘못한 것은 없었는지, 부족한 것은 없었는지, 나와 성향이 잘 맞는 사람이었는지 천천히 생각해 보자. 3개월 정도 천천히 계속 생각하다 보면 본인 스스로 정답을 찾을 수 있을 것이다.

〈혼자 해외여행 가기〉

성향에 맞는 지인들끼리 해외여행을 가는 것도 분명 재밌는 일이다. 하지만 혼자 낯선 장소에 방문하여 현지 사람들과 문화를 차분하게 접해 보고 이해하고 음미하며 감동을 겪는 체험도 분명히 소중한 경험이다. 혼자 가면 오롯이 그 나라의 문화와 사람 등을 더 자세하게 느낄 수 있다. 왜냐하면 혼자서 다 해결해야 되고 사람들과 직접적으로 부딪쳐야 되기 때문이다.

혼자 해외여행을 간다고 해서 인연을 만들지 못하는 것은 아니다. 필자가 즐겨 찾는 일본 여행 커뮤니티에서는 지금 여자친구, 전 여자친구, 일본 친구들도 전부 혼자 여행 가서 만났다는 분들도 많이 계셨다. 필자도 처음에 이 글을 봤을 때는 해외여행 경험도 많이 없고 외국인 친구도 없

해외여행 준비 TIP 모음

었던 때라 많이 부러웠었다. 하지만 해외여행을 꾸준히 준비하고 해외에 가서 마음에 드는 현지인에게 말을 걸며 부담 느끼지 않게 꾸준히 연락을 하니 좋은 외국인 인연을 많이 만들 수 있었다.

내성적이지 않고 외로움을 많이 타지 않다면 혼자 해외여행을 가는 것은 분명히 만족스러운 경험이 될 것이다. 혼자 해외여행 가는 것에 익숙해지면 매니아가 되어 항상 혼자 여행을 가는 것이 취미가 될 수 있다. 필자의 책을 보면서 계획을 세우고 하나씩 준비해 가자.

단, 혼자 여행 가는 것은 치안이 좋은 나라만 추천한다. 소매치기나 강도 같은 위험한 일을 겪으면 매우 곤란한 상황에 처하게 된다.

〈충전 여행 - 비우고 채우는 여행〉

인생을 살며 매우 힘든 일을 겪었거나 큰 목표에 도전한 이후라면 성공하였던 실패하였던 충전 여행을 떠나는 것을 추천한다. 앞서 언급하였듯 삶의 에너지를 충전하는 방법은 휴식을 취하는 것뿐만 아니라 새로운 자극을 받는 것도 해당된다. 사회 생활을 잘하고 에너지가 넘치는 사람은 새로운 장소에 가서 새로운 자극을 받는 것을 좋아한다.

귀찮은 느낌이 들 수 있지만 실제로 가서 경험하면 생각이 달라지는 경우가 많다. 여태까지 경험하지 못했던 새로운 경험을 하면 인생을 바라보는 시각이 달라지고 좋아하는 분야가 완전 달라져서 예전과는 다른 인생을 살아갈 수 있다. 국내에서 쉬듯이 해외에서도 편안하게 쉬면서 에너지를 충전할 수 있고 국내에서 즐겼던 취미를 해외에서 즐기며 스트레스를 해소할 수도 있다. 어떤 여행이 나에게 신선한 자극을 줄 수 있는지 고민하여 나의 삶을 충전하는 여행을 떠나자.

〈평소 즐기는 취미를 해외에서 즐겨 보기〉

스노우보드가 취미인 지인에게 슬로우바키아의 야스나라는 도시를 여행한 이야기를 들었다. 코스도 많고 길고 면적에 비해서 사람이 적어서 매우 쾌적하게 스노우보드를 즐길 수 있어서 만족했다고 한다. 필자는 코로나가 종식되면 평소에 즐겨하던 이종격투기를 미국 유명 체육관에서 수련해 보고 싶다. 또한, 평소에 즐기는 스포츠 경기를 해외로 직관하러 가는 것도 추천한다. 필자는 시간이 될 때 한 달 동안 유럽에 머물며 프리미어 리그 축구 경기를 관람하고 싶다. 이처럼 평소에 즐기는 취미가 있다면 해외에서 즐겨 보자. 분명 행복하고 만족스러운 경험이 될 것이다.

〈나의 음을 알아주는 외국인 친구 사귀기〉

영화 〈버킷 리스트〉 후기 중 두 주인공의 우정에 관한 후기 모음.

- 버킷 리스트보다 더 값졌던 것은 두 사람이 죽음 전에 소중한 친구를 얻었다는 것.

- 저런 진정한 친구가 있었으면 좋겠다는 생각.
- 그가 그립다는 그말이 왜 그렇게나 가슴에 와 닿는지…. 감동이었
  어요.

앞에서 언급하였듯 타인의 시선을 지나치게 의식하는 사람은 자신이 진정으로 원하는 삶을 즐기지 못하는 것뿐만 아니라 정말 마음에 맞는 친구 또한 사귀지 못할 확률이 높다. 적어도 내 친구는 이래야 해. 이런 조건들이 많기 때문이다. 그들에게 친구는 정말 친한 사람이 아니라 일종의 나를 돋보이게 하는 악세서리 같은 존재다. 사람을 사람이 아니라 도구로 대하는 것이다. 액세서리 같은 친구가 아닌 나의 음을 알아주는 진정한 친구를 사귀어야 한다.

최대한 많은 사람을 만나 보자. 그러다 보면 본인과 잘 맞는 친구를 만날 수 있을 것이다. 이성 친구도 마찬가지다. 처음에는 헤어지기 싫지만 다른 이성을 만나다 보면 생각이 바뀐다. 본인과 잘 맞았다고 생각되는 이성이 실제로는 잘 맞지 않는 경우도 있고, 잘 안 맞는다고 생각되는 이성이 잘 맞는 경우가 있다. 비슷해서 끌리는 경우도 많지만 반대여서 끌리는 경우도 의외로 많다.

최대한 많이 만나기 위해서는 해외여행에 갔을 때 혼자서 무리에게 말을 걸어도 좋고 카페나 술집에서 혼자 있는 사람에게 말을 걸어도 좋다. 혹은 에어비앤비 어플을 사용하자. 에어비앤비에서는 숙소를 예약하는 것뿐만 아니라 여러 가지 취미 활동 모임을 정기적으로 개최한다.

자만추(자연스러운 만남 추구)를 추구하는 사람들의 특징은 남이 나에게 다가와 주길 기다린다는 것이다. 인만추(인위적인 만남 추구=소개팅 혹은 커뮤니티 모임)를 하는 사람이 오히려 자만추도 잘한다. 먼저 다가가서 기회를 만들려고 시도하기 때문이다. 먼저 다가서서 기회를 만들자. 무작정 기다리면 나이만 계속 먹게 된다. 해외여행을 가서 본인의 성향에 맞아 보일 것 같은 사람을 발견하면 먼저 다가가서 적극적으로 말을 걸고 천천히 오랜 시간 연락을 해 보자. 이런 과정들을 반복하면 어느 순간 정말 나와 잘 맞는 외국인 친구가 생기게 된다.

〈계절별 해외여행〉

(1) 봄
벚꽃 명소 방문하여 벚꽃 축제 즐기기.
떨어지는 벚꽃 보며 봄과 어울리는 노래 듣기.
(추천 노래-존박 〈Good day〉, 버스커버스커 〈벚꽃 엔딩〉)

(2) 여름
해외 에메랄드빛 바다 방문하기.
해외 바다에서 스쿠버 다이빙, 스노우쿨링, 서핑 즐기기.
해외 유명 워터 파크 방문하기.

(3) 가을
야경이 멋진 대도시에서 시원한 가을에 시티팝 들으며 낭만을 느끼기.

단풍이 멋진 산을 방문해서 가을과 어울리는 노래 듣기.

(추천 노래-김동률 〈사랑한다는 말〉, 〈다시 사랑한다 말할까〉, 〈귀향〉)

(4) 겨울

해외 유명 눈꽃 축제 방문하기.

해외 스키장에 가서 스키, 스노우 보드 즐기기.

〈해외여행 가서 이상형 만나면 용기 내서 말 걸어 보기〉

그렇다. 다른 해외여행 버킷 리스트에 비해 많은 용기를 필요로 하는 일이다. 하지만 성공한다면 천국이 펼쳐질 것이다. 앞서 언급한 필자와 친한 동생과 일본에 가서 이상형에게 라인 아이디를 받고 오랜 시간 연락 끝에 사귀게 된 사례를 지인들한테 이야기하면 남녀 구분 없이 모두 어떻게 말을 걸었으며 어떻게 사귀게 되었는지를 궁금해하며 물어보곤 한다. 그래서 이상형과의 행복한 사랑을 정말 원하지만 두려움을 느끼는 독자 분들께 한 가지 희망적인 이야기를 전하고자 한다.

대학교 입학 후 독서 토론 소모임에 가입하여 활동하며 사람들과 강의실에서 영화를 본 적이 있었다. 감상한 영화는 〈비포 선라이즈〉였다. 국적도 다르고 목적지도 다른 두 남녀가 기차 안에서 우연히 만나 해가 떠오르기 전까지 함께 하루의 시간을 보내게 되는 로맨스 영화다. 필자도 그 영화를 보면서 좋았지만 특히 여학생들이 많이 좋아했다.

그렇다. 사람은 새로운 것에 대한 환상이 있다. 특히 로맨스에 대해서는 더욱 그렇다. 외국인이라면 현지 사람들에게 의외로 라인 아이디를 잘 받을 수 있다. 영어를 잘하면 스마트한 이미지가 생기는 것처럼 외국인과 썸을 타면 무언가 새로운 것을 경험할 수 있을 거라는 환상을 가지게 된다. 국내에서도 이상형에게 말을 걸어 보지 못한 사람은 당연히 해외에서도 이상형에게 말을 거는 것이 더욱 어려울 것이다. 그렇지만 진심으로 원한다면 필자의 책을 보며 준비하고 연습해서 꼭 시도해 보자. 성공하던 실패하던 좋은 경험이 될 것이다. 앞서 언급하였듯 진지하게 접근하는 것은 괜찮다. 술을 하자는 것은 잠자리를 하자는 식의 가벼운 만남을 돌려서 말하는 것인데 이런 식의 잘못된 접근이 아니라 진지하게 접근하는 것은 괜찮다. 진지하게 접근하여 이야기하면 문제될 것이 전혀 없으며 상대가 나를 마음에 들어 한다면 라인 아이디를 알려 줄 것이다. 실제로 교제에서 결혼까지 이어지는 외국인 커플은 이런 식으로 이어지고 있다. 여행용 영어를 어느 정도 연습해서 준비하고 옷을 잘 입고 머리를 잘 하고 피부를 잘 정돈하고 매너 있게 접근한다면 외국인 버프를 받은 상태에서 시작할 수 있다. 앞서 언급한 이철우 박사님의『심리학이 연애를 말한다』책에서 다루는 그래프를 생각하자. 두려움이 점점 커져서 몸이 굳고 아무 생각도 나지 않는 것은 목표 달성에 가까워졌다는 의미다. 그러니 혹시 정말로 마음에 드는 이상형을 해외여행 도중 만난다면 주저하지 말고 접근해서 말을 걸어 보자. 그 순간을 그냥 지나친다면 한국으로 돌아오는 비행기 안에서 크게 후회할 것이다.

방법은 두 가지가 있다. 처음부터 솔직하게 자신의 마음을 표현하는 방법과 친구부터 시작해서 연인으로 발전하는 방법이다. 질질 시간 끄는 것이 싫다며 그냥 처음부터 자신의 마음을 솔직하게 표현하여 라인 아이디를 받고 대화하다 3번의 만남 안에 고백하여 교제를 시작하는 지인이 있었다. 반면 친구부터 시작해서 연인으로 발전하는 지인도 있었다. 전자의 방법은 시원시원한 교제가 가능한 대신에 이상형이 사귀는 사람이 있다면 라인을 받을 수 없다는 단점이 있다. 후자의 방법은 이상형이 사귀는 사람이 있어도 친구로 시작해서 발전할 수 있고 외모 이외에도 나의 장점을 여러 가지 보여 줄 수 있다는 장점이 있지만 오랜 시간 연락을 하며 매우 답답할 수 있다는 단점이 있다. 각각의 장단점이 있으니 본인의 스타일에 맞는 방법을 사용하자.

도저히 용기 내어서 말을 걸 자신이 없다면 외국인 친구를 만들고 소개를 받아서 사귀는 것도 좋은 방법이다. 하지만 소개를 해 달라고 할 때 정말 신중해야 한다. 나의 이미지가 안 좋아 보이거나 가벼워 보일 수 있기 때문이다. 가장 좋은 방법은 본인이 먼저 주변에 좋은 사람을 소개시켜 주고 그다음 본인이 소개를 받는 방법이 좋다.

〈사랑하는 사람과 해외여행 가서 깜짝 이벤트해 주기〉

부부가 된 지 오래되었거나 사귄 시간이 오래되었다면 사랑이 식고 정으로 함께하게 된다. 같은 시간을 함께하다 보면 서로 가치관이 달라서 충돌하기도 하고 서로 아쉬운 점도 생기기 마련이다. 잘못에 대해서 사과하고 맞지 않는 점에 대해서 조율하는 것도 중요하지만 본인에 대한 호감도를 높이는 것도 그만큼 중요하다.

배우자 혹은 연인에게 가고 싶은 나라와 장소를 이야기하는 시간을 갖자. 그래서 나의 만족이 아닌 배우자 혹은 연인의 만족을 위한 해외여행을 가자. 그렇게 큰 만족을 하게 되면 심각하게 이기적인 성격이 아닌 이상 배우자 혹은 연인도 나의 만족을 위해서 양보하려고 한다.

해외여행 가서 만족을 느끼고 타이밍 좋을 때 깜짝 이벤트를 해 주자. 서로의 사랑은 더욱 깊어지고 인생을 살면서 힘들고 괴로운 일을 겪어도 서로를 의지하며 잘 극복할 수 있을 것이다.

프로포즈 현수막 같은 경우 맞춤 제작해도 2~3만 원대면 좋은 현수막을 살 수 있다. LED 촛불 같은 경우 하나에 100~200원 하는데 50개나 100개 정도 사면 아름다운 하트 모양을 만들 수 있다. 이벤트할 때 어울리는 노래는 잔잔한 발라드곡이 좋다. (추천 노래-성시경 〈두 사람〉)

현수막에 어떤 문구를 넣고 어떤 사진을 담을지, 이벤트 할 때 어떤 노래를 재생하는지, 어떤 타이밍에 깜짝 이벤트를 할지 천천히 생각해 보자. 천천히 오랜 시간 생각하다 보면 분명 좋은 정답이 나올 것이다.

〈생각지도 못한 일을 하기〉

아직 진짜 버킷 리스트를 하나도 찾지 못했을 수도 있다. 그렇다면 차분히 기다리면서 자신의 내면에 귀 기울이자. 분명 인생의 신호를 느낄 수 있을 것이다. 신호의 불빛을 따라 용기내어 한 걸음씩 전진해 보자. 자신이 원하는 것을 외면하며 살았던 과거에는 상상하지 못할 새로운 일들이 벌어질 것이다. 그렇게 자신만의 '진짜' 버킷 리스트를 만들고 실천하며 새로운 인생이 시작되는 것이다.

[영화 〈버킷리스트〉 두 주인공 에드워드와 카터의 버킷 리스트]

(1) 장엄한 광경 보기

(2) 낯선 사람 도와주기

(3) 눈물 날 때까지 웃기

(4) 무스탕 셸비로 카레이싱

(5) 최고의 미녀와 키스하기

(6) 영구 문신 새기기

(7) 스카이 다이빙

(8) 로마, 홍콩 여행, 피라미드, 타지마할 보기

(9) 오토바이로 만리장성 질주

(10) 세렝게티에서 호랑이 사냥

(11) 화장한 재를 인스턴트 깡통에 담아 전망 좋은 곳에 두기

여러분들도 천천히 계속 생각하다 보면 여러 가지 버킷 리스트를 작성하게 될 것이다. 스쿠버 다이빙, 해외에 가서 장기 자랑 참가하기, 이상형에게 용기 내서 말을 걸기, 외국인 친구 사귀기 등등.

그렇게 기분 좋은 상상을 하다 보면 어느 순간 주변의 시선이 떠오르게 된다.

'너 주제에 뭐 그런 걸 하냐?'
'이런 거 하는데 무슨 돈을 그렇게 많이 쓰냐?'
'너가 이걸 할 수 있다고 생각하냐?'

사람은 죽기 전에 자신이 하고 싶었던 일을 하지 못한 것에 대해 가장 큰 후회를 한다고 한다. 자신이 좋아하는 것에 솔직하지 못했던 것이다. 혹은 두려움 때문에 외면했던 것이다.

이것은 선악의 개념이 아니다. 맞다, 틀리다의 개념이 아니다. 그냥 취향의 문제다. 높은 목표가 있으면 그만큼 압박감을 견뎌 내며 많은 노력을 하면 된다. (단, 목표만 높고 노력을 하지 않는 것은 자기 자신에게 큰 죄를 짓는 것이다.)

나의 한계는 내가 정하는 것이다. 자신이 못하니까 화가 나거나 질투를 느끼는 사람들이 있다. 그런 사람들이 가스라이팅('너가 무슨 그런 것을 하냐?', '너 나이에 무슨 그런 것을 하냐?', '너 주제에 무슨 그런 걸 하냐?') 을 무의식적으로 받아들이고 있었는지 생각해 보는 시간이 필요하다.

타인에게 피해를 주는 일만 아니라면 그 누구도 타인의 선택에 이래라 저래라 할 권리는 없다. 성공하던 실패하던 자신이 좋아하는 일에 도전

해외여행 준비 TIP 모음

하며 인생을 사는 것은 축복 그 자체다. 바쁜 삶에 치여서 혹은 두려워서 도전 자체를 못 하는 사람들도 많기 때문이다.

"나는 내 인생의 너무 많은 시간을 침묵으로 보냈습니다. 아마 두려워서 그랬던 것 같습니다."

-영화 〈라스트 홀리데이〉-

필자의 책이 현실감 없는 꿈만 잔뜩 주고 간 책이 될지 인생을 바꾼 전환점이 될 책이 될지는 독자분들이 얼마만큼 준비하며 얼마만큼 용기를 내는지에 달렸다.

필자의 책이 출판된 이후 몇 년이 지났을 때 이런 후기를 본다면 뿌듯할 것 같다.

"사랑하는 배우자를 만나게 해 준 멋진 책."
"나의 음을 알아주는 외국인 친구를 만나게 해 준 멋진 책."
"내가 정말 좋아하는 것을 생각해 보고 용기 있게 도전하게 만든 책."

이 책은 2018년부터 집필을 시작했던 책이다. 2019년 말 코로나가 확산되며 2020년 봄부터 해외여행을 갈 수 없게 되었다. 코로나 시대에 살면서 우리는 많은 것들을 잃어버리게 되었으며 예전과는 명백하게 다른 시대를 살고 있는 중이다. 그렇기에 이 책에는 원래 다룰 계획이 없었던 많은 내용들이 추가적으로 담았다. 다음 장에서는 우리는 코로나 시대에 어떻게 퇴화된 두뇌와 생활 패턴을 회복하고 어떻게 하면 자신의 상황에 맞는 해외여행을 준비하는지에 대해서 깊이 다루고자 한다.

(3) 세 번째 안테나, Like a movie

2019년 코로나 사태로 인해서 모든 것들이 바뀌었다. 마스크 의무화와 사회적 거리 두기가 실행되었으며 비대면 사회가 지속되었다. 전 세계 모든 사람들이 장기화되는 코로나 상황으로 매우 괴로워했다.

하지만 여전히 영화 주인공들은 마스크를 쓰지 않는다. 사회적 거리 두기도 하지 않으며 사람들과 마음 놓고 교류한다. 사람이라면 누구나 영화 같은 삶(Like a movie)을 원한다. 감동적이고 즐겁고 편안하며 때로는 감동받아 눈물 흘리는 아름다운 영화를 꿈꾼다. 팬데믹 상황에서 사회적 거리두기로 인해 교류가 감소된 지금 그 어떤 시대보다도 우리는 더 영화 같은 삶에 목마름을 느낀다.

상상이나 할 수 있었는가? 마스크 착용이 의무화되며 사회적 거리 두기와 모임 인원 제한이 시행되고 해외여행이 모두 막힌 사회를 말이다. 이런 코로나 팬데믹 상황이 담겼던 영화는 호흡기 관련 재난 영화를 제외하고 어떤 영화에도 없었다. 우리는 영화에서도 상상할 수 없었던 상황을 현실에서 겪고 있다.

해마를 활성화시키는 세 번째 안테나를 만들기 위해서는 코로나로 인해서 우리의 두뇌가 어떤 문제를 겪고 있는지를 알고 그 문제를 풀 수 있는 해결책을 실천해야 한다.

《문제점과 해결책》

〈문제점: 브레인 프리즈=코로나19로 인해 겪는 인지증(치매) 예비 단계〉

해외여행에서 왜 뇌 과학 이야기를 다루는지 챕터 초반에서 설명하였다. 챕터 초반에서 어떻게 해마를 활성화시키는지 다루었다면 장기화되는 코로나 사태로 인해 우리의 두뇌가 어떻게 퇴화되었는지를 다루고자 한다.

명백하게 지금 우리는 코로나 사태가 오기 전보다 두뇌가 퇴화된 상황에 놓여 있다.

2020년 여름이면 끝날 것으로 예상되었던 코로나 사태는 계속 장기화되었다. 그러다 보니 나온 단어는 '코로나 블루(코로나19 확산으로 일상에 큰 변화가 생기며 겪는 우울증과 무기력증)'. 필자는 2009년에 구매했던 일본 뇌 과학책을 다시 꺼내 보았다. 이렇게 사회적 거리 두기가 계속되면 인지증(치매) 예비 단계인 브레인 프리즈 증상이 문제가 될 것이라는 생각이 들었기 때문이다.

츠키야마 타카시(일본의 대표적인 뇌신경외과 전문의)는 『당신의 뇌 얼어붙고 있다』 책에서 인지증(치매) 초기 단계인 브레인 프리즈 증상을 아래와 같이 설명하였다.

'인지증(치매) 예비 단계=브레인 프리즈 증상'

첫째, 평소 익숙했던 일들이 불가능해진다. (사람이나 사물의 이름이 문득 기억나지 않고, 무슨 말을 하려고 했는지 갑자기 잊어버려 말문이 막히고, 상대의 이야기가 잘 이해되지 않음.)
둘째, 집중력이 떨어지고 멍한 상태로 보내는 시간이 길어진다.
셋째, 쉽게 감정에 휘둘리고 머릿속이 공백 상태로 바뀌어 간다.
넷째, 조금만 일해도 금방 지치며 만사가 귀찮아진다.
다섯 번째, 사소한 일에도 화가 치밀어 오르며 예민해진다.

2006년에 출판된 이 책에서 말하는 브레인 프리즈는 현재 사람들이 겪고 있는 코로나 블루 증상과 비슷하다. 왜 비슷할까? 두 증상 모두 두뇌가 퇴화되는 환경에 노출되어 실제로 두뇌가 퇴화되었을 때 나타나는 증상이기 때문이다.

코로나 이전 수준으로 두뇌를 회복하는 것이 매우 중요하기 때문에 잠깐 뇌 과학 내용들을 다루며 두뇌를 활성화시키는 방법에 대해서 다룰 것이다. **기초 체력이 있어야 모든 운동을 쉽게 즐길 수 있듯이 코로나 상황으로 인해 퇴화된 두뇌를 어느 정상화시켜야 행복한 감정을 느끼고 좋아**

하는 일들을 즐길 수 있기 때문이다.

만약 코로나 팬데믹이 끝나도 비대면 사회가 지속된다면 우리는 어서 빨리 비대면 사회에 적응해 그에 맞는 전략을 세우고 나아가야 한다. 뇌과학을 배우고 활용하는 것은 인생을 살며 선택의 문제가 아니라 생존의 문제가 될 것이다.

〈해결책〉

첫째, 사회의 톱니 바퀴가 될 수 있는 환경으로 돌아가자.

-『당신의 뇌. 얼어붙고 있다』츠키야마 타카시
(일본 뇌신경외과 전문의)-

뇌는 환경에 따라 만들어진다. 뇌를 한 쪽으로만 사용하면 충분히 인지증(치매)이 발생할 수 있다.

효율적으로 일을 추진하기 위해서는 궁극적으로 어느 한 가지만 집중적으로 하면 되겠다고 생각하기 쉽지만 우리의 뇌는 그렇게 돼 있지 않다.

본인에게는 완전히 무의미했다고 여겨지는 시절에 했던 잡다한 활동 중에는 다양한 뇌 기능을 훈련시킬 기회가 포함되어 있었을 것이다.

두뇌의 기본 회전수는 머리의 회전 속도를 뜻하며 본인의 의지가 아니라 환경에 따라 결정된다. 바쁘게 돌아가는 환경이 아니라면 기본 회전수는 오르지 않는다. 뇌가 힘을 발휘하려면 정지해 있어서는 안되며 바쁘게 돌아가는 환경 속에서 그 흐름에 맞도록 계속해서 바쁘게 움직여야만 한다. 갑자기 창의력이 없어졌다고 느끼는 건 실제로 그런 게 아니라 능력을 발휘할 수 있는 환경을 잃어버린 경우일 확률이 높다.

위 문구들을 보면 깨달을 수 있는 것들이 많을 것이다. 그렇다. 코로나19 사태로 인해 사회적 거리두기가 장기화되고 재택 근무가 활성화되었다. 그래서 우리는 출근이 아닌 재택 근무를 하고 사람들을 만나지 않는 사회적 거리 두기를 통해서 다양한 뇌 기능을 훈련시킬 기회를 잃어버리게 되었다.

코로나19에 확진이 되어서 격리가 되면 굉장한 후폭풍이 밀려온다. 자영업자들은 구매한 재료들을 버리고 영업을 하지 못해 극심한 피해를 입는다. 본인이 코로나에 확진되면 본인뿐만 아니라 접촉한 사람도 검사를 받아야 되었기에 주변 사람들로부터 '왜 요즘 같은 상황에서 이리 저리 돌아다녔냐? 왜 방역 수칙을 제대로 지키지 않았냐?'며 원망의 소리를 듣는다. 이런 후폭풍을 피하기 위해 집에만 계속 머무르는 사람들이 많았으며 코로나가 어느 정도 안정된 지금도 낮은 강도의 사회적 거리 두기는 계속 이어지고 있다.

'한 달 동안 공부만 해야지.', '한 달 동안 창작만 해야지.' 이렇게 생각하면 한 분야만 파서 효율적이라고 생각할 수 있지만 인간의 두뇌는 그렇게 만들어져 있지 않다. 앞서 언급한 5가지 브레인 프리즈 증상은 오랜 시간 동안 수험 생활을 하는 장수생이나 작가에게 발병하기 쉬운 증상이며 필자도 대학교 입학을 위해 재수 생활을 했을 때 비슷한 증상을 겪었던 적이 있다. 또한, 코로나 사태가 장기화되며 계속 집에만 머무는 일반인들도 이와 비슷한 브레인 프리즈 증상을 겪는 사람들이 많아지고 있다. (갑자기 누군가의 이름이나 얼굴이 기억나지 않거나 머릿 속이 공백이 되며 금방 지치고 쉽게 예민해진다.)

츠키야마 타카시가 집칠한 다른 책인『두뇌의 힘 100% 끌어올리기』에서는 매일 아침 기상 시간을 정하고 규칙적으로 일어나는 행동, 아침에 산책하는 느낌의 가벼운 운동을 추천한다. 또한 뇌 기능을 더욱 빠르게 활성화시키려면 눈을 많이 움직이라고 권장한다.

'두뇌에서는 뇌간망양체라는 부분이 주전원 역할을 한다. 걷는 행위는 뇌의 주전원인 뇌간망양체를 활성화시키는 행동이다. 걷는 행동은 근육에 있는 근방추가 반복적으로 자극을 뇌간망양체에 전달하여 뇌를 활성화시킨다.'

-『뇌를 활용하라 필승의 시간공략법』요시다 다카요시-

우리가 출근을 하면 걷게 되고 목적지에 도착하기 위해 활발하게 눈동자를 움직이게 된다. 뇌 기능을 활성화시키는 행동을 자연스럽게 하며 하루를 시작하게 된다. 그리고 회사에 출근한 사람들과 이야기를 하고 같이 일하고 같이 점심을 먹는다. 퇴근하면 친구들과 만나며 이야기를 하는 등 여러 가지 경험을 한다. 변수가 생겨서 놀라기도 하고 스트레스도 받고 감동도 받는 등 이런저런 일들을 겪으면서 다양한 뇌 기능을 훈련시킬 기회를 접하게 된다. 하지만 재택 근무를 하고 사회적 거리 두기를 하면서 집에만 있는 일들이 많아지니 다양한 뇌 기능을 훈련시킬 기회는 확연하게 줄어들게 되었다.

이처럼 다양한 뇌 기능을 훈련시킬 기회가 줄어들다 보니 우리는 두뇌를 한 쪽으로 편중해서 사용하게 된다. 그러다 보니 두뇌가 퇴화되어 인지증(치매) 예비 단계 '브레인 프리즈' 증상에 걸리는 것이다.

또 다른 사례를 살펴보자. 데이비드 색스 저자의 『아날로그의 반격』에 따르면 1959년 세계 최초로 인공지능연구소를 설립하였고 우리가 사용하는 대부분의 IT 기기를 발명한 실리콘 밸리 기업들은 디지털을 차단하고 아날로그를 추구하는 문화를 가지고 있다. 무선 신호가 잡히지 않지 않는 회의실을 운영하고 원격 근무를 금지하면서 인공 지능이 가지지 못하는 공감 능력과 창의성을 길러 가고 있었다. 그런데 코로나 상황이 오면서 사회적 거리 두기가 시행되었고 창의성의 근원이 되는 공감 능력을 활성화할 수 있는 여러 가지 기회가 줄어들게 되었다. 코로나 상황이 오면서 우리는 두뇌를 활성화시킬 수 있는 기회뿐만 아니라 사람들과 직접 만나면서 만들 수 있는 좋은 추억 등 많은 것들을 잃어버리게 되었다.

그렇다면 다양한 뇌 기능을 훈련시킬 기회를 어떻게 얻으면 될까?

츠키야마 타카시는 최고의 어드바이스(조언)은 고가의 생활 개선 프로그램도 좋지만 사회의 톱니 바퀴가 될 수 있는 환경으로 돌아가라고 조언한다. 나의 두뇌를 회전시킬 수 있는 환경을 만들라는 것이다. 일과 공부를 병행하는 동안에는 '일을 하면서도 공부를 이만큼 하고 있으니까 일을 그만두면 더 많이 공부할 수 있겠지.'라고 생각하지만 사실은 일과 병행하고 있었기 때문에 공부도 잘해 나갈 수 있었는지도 모른다고 주장한다. 진정한 공부는 휴식과 다양한 활동이 포함되는 것이라고 주장한다.

대한민국 군필자들은 군대에 있을 때는 다이어트에 성공하고 자격증도 따고 활기찬 생활을 하게 된다. 제대를 하고 사회에 나가면 무엇이든지 할 수 있을 것만 같다. '군 생활을 하면서도 이 정도를 했는데 제대를 하면 더 잘할 수 있겠지.'라고 생각한다. 그러나 제대하고 나면 군대 있을 때 생활 패턴은 작살이 나고 다시 입대하기 전으로 돌아가게 된다. 무엇이 문제였을까?

군대에서는 아무리 말년 병장이라고 하더라도 아침에 일어나면 이등병과 기상 시간의 차이는 있을 뿐 일어나서 운동장으로 나와야 하는 것은 마찬가지다. 다 같이 모여서 "아!!!!" 하면서 소리를 지르고 체조를 한다. 일을 강제로 해야 하는 환경 안에서 스트레스도 받지만 다양한 두뇌 자극을 받아 두뇌가 활성화된다. 또한, 바쁘게 돌아가는 환경 때문에 두뇌의 기본 회전수가 증가하는 것이다. 하지만 두뇌를 빠르게 회전시킬 수 있는 환경이 사라지면 그야말로 모든 것이 눈 녹듯이 사라지게 된다.

츠키야마 타카시는 모든 면에서 만족스러운 환경을 갖추면 의욕이 생길 것 같지만 꼭 그런 것이 아니며 만족스럽지 않은 환경에서 재미 없는 자극을 꾸준히 받는 일이 의욕을 불러일으키는 경우도 있다며 활동은 멀티 플레이어로 수행해야 한다고 주장한다. 두 개 이상의 에너지량을 가지고 있으면 한 쪽 방향으로 향하는 활동 속에서 받은 감정계의 자극이 다른 방향으로 향하고 싶은 의욕을 증폭시켜 나머지 한쪽 에너지를 이용해 앞으로 나아갈 수 있다는 것이다.

그렇다. 군대에서 받은 불만이 제대 후 자신의 꿈에 몰두할 의욕을 증폭시킨다. 마찬가지로 회사에서 일하며 생기는 불만족스러운 자극이 자신의 좋아하는 것에 몰두할 의욕 그리고 이루고 싶은 꿈에 몰두할 의욕을 증폭시킨다.

새로운 활동 속에서 받는 자극을 완전히 없애 버리면 본인이 원하는 것에 몰두할 의욕이 사라지게 된다. 그러니 만족스럽지 않은 환경에서 재미 없는 자극을 꾸준히 받으며 본인의 꿈과 원하는 활동을 향해 나아갈 에너지를 만들자.

츠키야마 타카시는 생활에 활력이 넘치고 성실할 때와 나태할 때를 비교해서 "무엇"을 못 하게 되었는지 체크하라고 주장한다. 또한, 일상 생활 안에 두뇌를 다양하게 개발시킬 수 있는 잡다한 일을 끼워 넣으라고 주장

해외여행 준비 TIP 모음

한다. 간단히 생각해 보면 회사에 출근을 하면 자동적으로 잡다한 일이 끼워진다.

본인이 학생이나 고시생, 혹은 무직이라면 주 2회 정도 간단한 아르바이트라도 괜찮다. 처음에는 출근하는 것도 귀찮고 간단한 아르바이트도 스트레스 받으며 힘들겠지만 내성이 생겨 점차 두뇌 회전수가 증가할 것이다. 그 기세를 몰아 빌드업을 해 가면 꿈은 점점 현실이 될 것이다.

본인이 회사를 다니며 재택을 한다면 출근하는 것과 같은 생활 패턴을 만들면 된다. (아침에 일정한 시간에 기상하여 30분 정도 걸으며 두뇌의 전원 스위치를 ON으로 만들기.)혹은 순환 근무(몇 주는 재택, 몇 주는 출근)를 회사에 건의하여 실천하는 방법도 좋다.

방 안을 30분 정리 정돈하거나 청소하는 것도 좋다. 방을 청소하거나 정리하고 나면 무언가 두뇌가 안정화되고 기분이 좋아진다. 츠키야마 타카시는 방 안 정리 정돈을 고차원의 뇌 기능 훈련이라고 주장한다.

꼭 회사에 출근하지 않아도 된다. '이때는 반드시 이런 일을 집 밖에 나가서 한다.'라는 자신과의 약속을 만들어도 된다. 자신에게 맞는 어떤 방법도 좋으니 어느 정도 바쁘게 돌아가는 환경을 만들어 자신의 두뇌를 계속 회전시키자.

연세가 많으셔도 건강을 유지하는 어르신들은 끊임없이 움직이고 계속 무언가를 하려고 한다. 이렇게 하지 않으면 답답해서 견딜 수가 없다는 것이다. 뇌 과학을 알고 하신 행동은 아니겠지만 매우 바람직한 행동이다. 다양하고 신선한 자극을 통해 두뇌를 활성화시키며 건강을 유지하고 있는 것이다.

둘째, 사소한 일도 적극적으로 하며 두뇌의 기초 체력을 늘리자.

-『두뇌의 힘 100% 끌어올리기』츠키야마 타카시-

전두엽-이 기능이 뛰어난 사람일수록 상황을 냉정하게 분석하며 정확한 행동을 보다 신속하게 결정할 수 있다.

일상 생활에서 전두엽의 체력을 길러 두면 귀찮거나 힘든 일도 얼마든지 해낼 수 있는 힘, 즉 '내성'이 길러져서 생활이 더욱 편해진다. 현대인은 이러한 기초 체력이 자연스럽게 단련되지 못하고 있다. 그래서 변화무쌍한 시대를 살아가는 동안 더 큰 어려움이 닥치면 쉽게 고통스러워한다.

일상생활에서 흔히 접하는 잡다한 일들은 뇌의 기초 체력을 강화시키는 트레이닝과 같다. 운동 같은 화려함은 없지만, 매일 일상적으로 지속하게 되면 지구력이 강화된다.

우리는 운동 선수의 화려한 기술에 관심을 갖는다. 그러나 모든 선

해외여행 준비 TIP 모음

수들은 먼저 체력 훈련을 하며 체력이 약해지면 오래가지 못한다. 두 뇌도 마찬가지로 기술보다 체력을 길러야 한다.

일상 생활에서 사소한 일을 적극적으로 하다 보면 나중에는 그런 일 들을 자연스럽게 받아들이게 되어 초조해하는 마음도 쉽게 다스릴 수 있다. 이것은 뇌 속에 사고계가 감정계를 지배하는 능력이 강해진다 는 것을 의미한다. 그렇게 되면 좀 더 복잡하고 어려운 일도 능숙하게 처리하는 능력이 향상된다. 뇌의 기초 체력을 높이면 자연스럽게 문 제 해결 능력이 뛰어난 사람이 될 수 있다.

-『당신의 뇌. 얼어붙고 있다』
츠키야마 타카시(일본 뇌신경외과 전문의)-

적극적으로 맞서야 뇌가 산다. 당장은 힘들어도 낯선 사람과 낯선 상황에 대한 두려움을 극복하려고 노력을 기울여야 한다. 적극적으로 나서다 보면 서서히 긴장도 늦춰진다. 적극적으로 맞서면서 감정계와 사고계가 조화를 이루어 가고 그 노력의 결실로 브레인 프리즈 현상도 줄어들 것이다. 하루아침에 되는 일은 아니지만 꾸준히 노력하면 뇌는 자연스러운 새로운 환경에 익숙해진다. 뇌는 우리가 생각하는 것보다 많은 능력을 가지고 있어서, 노력하는 만큼 뇌 기능은 발달한다.

위 문구들을 보면 어떤 생각이 드는가? 그렇다. 누구나 귀찮은 일은 남 에게 맡기고 반사적이고 패턴화된 구상만으로 대처할 수 있는 사람이 되고 싶은 유혹에 빠진다. 이렇게 귀찮고 불편한 일을 회피하면 전두엽의 기능이 떨어지는 결과가 올 수 있다. '편안한 선택이 뇌를 망치는 것'이다.

사소한 일도 적극적으로 하자. 적극적으로 맞서야 뇌가 산다. 하나씩 적극적으로 일을 하다 보면 전두엽의 체력이 길러져 힘든 일도 버틸 수 있는 '내성'이 생긴다. 전두엽의 체력이 길러지면 남다른 사고력과 판단력을 가지게 된다.

필자가 성공했던 경험을 돌이켜보면 사소한 일도 적극적으로 했었다. 반대로 실패했던 경험을 돌이켜 보면 귀찮으면 회피하려고 했고 사소한 일도 적극적으로 하지 않았다. 사소한 일도 적극적으로 했기 때문에 두 뇌의 기초 체력이 향상되어 전두엽 능력이 향상되었고 그 결과 어렵고 힘든 일도 점점 내성이 생겨 예전에는 불가능했던 일을 가능하게 만들었던 것이다.

인지증 증상이 호전될 때의 변화는 눈동자를 잘 움직이게 되고 풍푸한 표현을 구사하며 말을 또박또박 잘하게 된다고 한다. 뇌의 입력과 출력이 활발해진 것이다. 그래서 츠키야마 타카시는 환자들에게 그 느낌을 잊지 않게 생활하라고 조언한다. 생각해 보면 이 증상은 어떤 일에 성공하는 과정에서 느꼈던 느낌과 매우 비슷하다.

하인리히의 법칙 '1, 29, 300'은 보험사 관리 감독자 하인리히가 산업 재해 5천여 건을 분석한 결과에서 도출되었다. 대형 사고 1건 이전에 29건의 작은 사고가 존재하며 작은 사고 이전에는 같은 원인의 사소한 징후가 300건 존재한다는 것이다. 이 법칙을 성공에 적용했을 때도 마찬가지다. 필자도 과거에 일을 추진하는 과정 안에서 무의식적으로 느꼈다. '아. 이건 되겠다.', '아. 이건 안 되겠다.' 이렇게 결과가 나오기 전 수많은 신호들을 접하게 된다.

　독자분들도 생각해 보자. 아마 성공했던 경험의 과정을 떠올려보면 그 과정 안에서 사소한 일에도 적극적으로 임했을 것이며 길조(좋은 일이 있을 조짐)도 여러 번 발견하며 성공할 것이란 느낌을 무의식적으로 받았을 것이다. 반대로 실패했던 경험의 과정도 떠올려 보자. 과정을 대충 진행하고 귀찮은 일은 회피하며 징조(나쁜 일이 있을 조짐)도 여러 번 발견하며 실패할 것이란 느낌을 무의식적으로 받았을 것이다.

　뉴욕 타임스 베스트셀러에 다섯 차례 이름을 올린 작가이자 세계적인 명강사 그렉 브레이든은 자신의 책 『디바인 매트릭스』에서 '이 세상 모든 것이 서로 연결되어 있다. 그렇기에 부분을 바꾸는 것은 전체를 바꾸는 것이다.'라고 주장하였다. 처음에는 이 문구가 잘 이해가 가지 않았다. 하지만 시간이 지나면서 명확하게 이해가 갔다. 돌이켜 보면 작은 일에도 최선을 다했을 때 그것이 전체적인 흐름에 좋은 영향을 미쳤고 성공에 결정적인 영향을 끼쳤다.

　극진가라데의 창시자 최배달의 세 아들이 쓴 책 『This is 최배달』에서는 다음과 같이 말한다.

"사람이 걸을 때 뒷발이 지면에서 뜨는 높이는 대개 3cm에 지나지 않는다. 다시 말해서 이 3cm를 띄우지 못하면 발을 질질 끌며 병자처럼 걷게 되는 것이다. 이처럼 크지 않은 차이가 병자처럼 걷느냐, 정상인처럼 걷느냐를 판가름하는 것처럼 무술 또한 그렇다. 시작하는 마음, 연습하는 마음가짐부터 주먹 쥐는 법 하나까지 승부의 갈림길에서는 작은 차이가 생과 사의 차이를 만든다."

성공한 사람들이 말하는 작은 차이는 무언가 어렵고 힘들 때 이를 악물고 한 걸음 더 나아가는 거창한 것이 아니라 사소한 일에도 적극적으로 임하는 마음가짐이 아닐까 싶다. 츠키야마 타카시가 주장한 것처럼 사소한 일에도 적극적으로 임하면(작은 일에도 최선을 다하면) 내성이 생겨 전두엽의 체력을 강화되고 그 결과 뇌 속에 사고계가 감정계를 지배하는 능력이 강해져서 복잡하고 어려운 일도 능숙하게 처리하게 되어 성공하는 것이다.

'성공의 흐름을 타라.'는 문장은 일상 생활에서 사소한 일도 적극적으로 임하여 두뇌의 기초 체력을 늘려 내성을 기르고 작은 일에 성취감을 맛보아서 더욱 열심히 노력하는 선순환을 만들며 계속 나아가라는 의미인 것이다.

그래서 필자는 이 책을 집필하는 순간뿐만 아니라 일상생활이나 회사에서 업무를 할 때도 정성을 다하고 있다. 상사분들에게 코칭 받은 것들 중 잘못된 점은 고치고 부족한 점은 보완하려고 꾸준히 노력하고 있다.

해외여행 준비 TIP 모음

노력하는 도중 성과가 나와 상사분들에게 칭찬을 받게 되었을 때 매우 뿌듯했다. 칭찬받았을 때의 기쁨을 통해 더욱 더 열심히 이 책을 집필했다. 또한, 과거에 요령을 부리거나 매사에 귀찮아하던 자세를 크게 반성했다. 얼핏 보면 이런 노력들이 자신이 원하는 분야에서 성공하는 것과 직접적인 관련이 없어 보일 수 있다. 하지만 필자의 이런 것들이 모이고 모여서 훗날 꿈을 현실로 만드는 것에 도움이 될 수 있다고 확신한다. 그렉 브레이든의 말처럼 '부분을 바꾸는 것은 전체를 바꾸는 것'이기 때문이다.

필자의 친구에게도 이 이야기를 해 주자 매우 공감하였다. 친구는 고3 시절 수능 때문에 스트레스를 많이 받아서 공부를 제외한 사소한 일에 귀찮아했으며 원하는 성적도 나오지 못했다. 하지만 재수를 시작할 때 마음을 다잡고 사소한 일도 귀찮아하지 않고 적극적으로 임하며 하루하루를 농도 있게 보냈는데 그것이 선순환의 흐름을 만들었다고 한다. 그 선순환의 흐름을 타며 결국 좋은 성적을 거두고 원하는 대학교에 입학한 것 같다고 이야기하였다.

츠키야마 타카시는 인간의 뇌는 나이가 들며 인지증(치매)에 걸릴 수밖에 없는 구조라고 한다. 익숙하고 편한 것을 좋아하는 것이 두뇌의 특성인데 도피하면 인지증(치매)에 걸리기 쉽다고 한다.

만약 독자분들이 다니는 회사에 본인의 일을 하기 싫어하고 귀찮은 일을 부하에게 맡기는 상사가 있다면 동정의 눈길로 바라보자. 얌체처럼 쉽고 편한 일만 하려는 사람도 동정의 눈길로 바라보자. 그들의 게으름과 귀찮음이 만든 비양심적인 선택은 훗날 빠르게 찾아오는 인지증(치매)으로 보답받을 것이다. 병수발 3년에 효자 없다. 치매는 더욱 그렇다. 살아 생전에 얌체 같은 행동으로 욕 먹고 치매에 빨리 걸려 대소변을 못 가리고 가족들로부터도 버림받는다. 인생 자체가 무너지는 것이다. 그들이 얌체 같다며 욕할 필요없다. 그들은 자신의 무덤을 자신이 적극적으로 파는 어리석은 선택을 묵묵히 성실하게 수행 중이다.

일상 생활에서 사소한 일도 적극적으로 임하지 않는 사람. 즉, 매사 귀찮아하고 편안하고 쉬운 일만 하려는 사람은 본인이 원하는 일에 실패할 뿐만 아니라 인지증(치매)가 빨리 찾아올 것을 예측할 수 있다. 반대로 사소한 일도 적극적으로 하는 것은 본인이 원하는 꿈을 현실로 만드는 것뿐만 아니라 인지증(치매)을 늦추는 생존에 필요한 필수 요소이기도 한다. 어떠한 선택을 할지는 본인에게 달렸다. 사소한 일에도 최선을 다하며 일상생활에 적극적으로 맞서 두뇌를 살리고 원하는 일을 성취하며 노화를 늦추는 인생을 살아가자.

사소한 일에도 최선을 다하면 그것이 계기가 되어 훗날 큰 성공의 밑거름이 되는 경우가 있다. 독자분들도 본인이 진심으로 원하는 해외여행을 최선을 다해서 계획하고 실천해 보자. 이 작은 마음가짐과 실천이 쌓이고 쌓여 독자분들의 인생을 바꿀 것이다.

그동안 독자 여러분들이 해외여행과 관련 없는 내용을 보느라 고생 많았다. (큰 틀에서 보자면 매우 밀접한 관련이 있다.)하지만 필자의 책을 읽으며 여러분들은 남다른 준비하기 때문에 남다른 해외여행을 가게 될 것이고 분명 좋은 방향으로 인생이 바뀌게 될 것이라고 확신한다.

이제 독자분들은 코로나로 인해 어떻게 두뇌가 퇴화되었으며 어떻게 두뇌 능력을 활성화시키는 방법을 알게 되었다. 다음 내용은 어떻게 하면 남다른 해외여행 계획을 구체적으로 세우고 실천할 수 있는지 다루어 보도록 하겠다.

〈문제점 = 본인의 상황에 맞는 해외여행 계획〉

필자의 책을 통해서 마음속 깊은 곳에서 진심으로 원하는 해외여행 버킷 리스트도 찾았고 나름 괜찮은 해결책도 찾았다. 그렇지만 각자 처한 상황이 다르기 때문에 문제점과 장애물도 각각 다르다. 이런저런 생각 끝에 아래와 같은 생각이 든다.

> '혼자서 떠나는 해외여행을 가고 싶다. 그렇지만 나는 애 엄마(혹은 애
> 아빠)인데 배우자랑 자식들을 두고 어떻게 혼자 해외여행을 가지?'
> '지금 내 상황으로는 이걸 하기에 무리인데….'
> '여러 가지 복잡한 문제들이 많이 있는데….'
> '난 이걸 원하지만 해 본 적이 없는데….'
> '주변에 도와줄 사람이 없는데….'
> '이 해결책은 나와 맞지 않는 해결책인데….'

이런 문제점들을 접하며 '나는 평생 지금처럼 살아야 하나?' 라는 자괴감이 든다. 성공하는 사람들 혹은 인생을 자신의 뜻대로 살며 행복해하는 사람들을 보며 부럽고 나도 그 사람처럼 되고 싶지만 그들은 여전히 나와 다른 사람처럼 느껴진다. 도대체 어떻게 하면 이 문제들을 해결할 수 있을까?

독자분들마다 처한 상황이 다른 것 외에도 필자가 제시한 정보가 특정 시점이 지나면 전혀 쓸모없거나 완전 다르게 접근해야 될 필요성이 있을 수 있다. 왜냐하면 요즘 시대가 매우 **빠르게** 변화하고 있기 때문이다.

그래서 필자는 실제로 필자가 사용했던 해외여행 준비 방법을 독자분들에게 소개하고자 한다. 해외여행을 위한 깊은 정보를 다룬 챕터 마지막 부분이다 보니 물고기를 잡아 주기보다 물고기를 잡는 방법을 알려 주고 싶었다. 필자가 제시한 이 방법은 해외여행 준비뿐만 아니라 다른 분야에도 적용이 가능하며 여러분들의 꿈을 현실로 만드는 것에도 큰 도움이 될 것이다.

〈해결책=고차 뇌 기능 향상을 위한 슬로우 싱킹 노트 적기〉

필자는 해외여행을 준비하면서 아래 3가지 과정들을 통해 남다른 준비를 할 수 있었다. 남다른 준비를 했기 때문에 인생 자체가 변화하는 좋은 추억을 만들 수 있었고, 좋은 사람들을 만났으며, 예전에 경험하지 못했던 만족스러운 행복을 경험할 수 있었다.

첫째, 디지털에 아날로그를 더하기. 고차 뇌 기능을 활성화 시키는 환경에 접속하기.

둘째, 느림의 미학에 뇌 과학을 더하기. 천천히 편안하게 오랜 시간 동안 생각하며 노트에 문득 떠오르는 생각, 문제점, 아이디어를 적기.

셋째, 긍정적 시너지를 만들기. 관련 경험이 많은 커뮤니티에 조언을 구하거나 도서관에 방문하여 관련된 책을 검색하고 찾아보기. 그 과정 속에서 도움이 될만한 지식들과 새로운 문제점, 생길 수 있는 변수들을 노트에 적기.

〈첫 번째 해결책-디지털에 아날로그를 더하기, 고차 뇌 기능을 활성화시키는 환경에 접속하기〉

빠른 속도로 시대가 변화하며 언론에서는 계속 4차 산업 혁명을 다루고 있다. AI(인공 지능)가 인간의 일자리를 대체할 것이며 그 결과 수많은 사람들이 실직할 것이라고 경고한다. 그래서 인공 지능 시대에 미리 대비해야 된다고 강조한다. 즉, 인공 지능에 대체되지 않는 인재가 되어야 한다고 주장한다.

인공 지능에 대체되지 않는 사람. 평소에 책 좀 읽는 사람이라면 어디서 많이 들어 본 이야기 같다. 그렇다. 이지성 작가의 책 『에이트』가 한동안 한국 사회의 화제였다. AI(인공 지능)가 인간의 일자리를 대체할 수 있는 시대는 생각보다 빨리 찾아오고 있으며 인공 지능에 대체되지 않는 사람 혹은 인공 지능의 주인이 되는 사람이 되기 위한 8가지 해결책을 제시하였다.

그중 눈에 띄는 것이 실리콘 밸리의 수많은 CEO들(애플 스티브 잡스, 마이크로소프트 빌 게이츠, 트위터 공동 창업자 에번 윌리엄스 등등)이 집에서 자녀들에게 IT 기기를 철저하게 금지하는 문화를 지키고 있었다는 것이다. 왜 그랬을까?

츠키야마 타카시는 2006년도에 본인이 집필한 책에서 인터넷으로 얻을 수 있는 지식의 한계를 다음과 같이 설명하였다.

-『두뇌의 힘 100% 끌어올리기』 츠키야마 타카시-

기억이란 능동적이고 적극적으로 노력해서 얻었을 경우 자신의 의지로 불러오기 쉽다.

어떤 정보를 조사하기 위해 도서관에 갔는데 그곳에 찾는 자료가 없으면 다시 대형 서점에 가게 된다. 서점에서 책장을 넘기면서 보다가 어떤 페이지에서 본인이 원하는 정보가 발견되면 기뻐서 사 들고 집에 온다. 집에서 책을 읽는다. 이런 식으로 상황의 변화가 이루어지면 그 기억은 온전히 본인의 것이 된다. 책에서 찾은 것뿐만 아니라 잘 알고 있는 사람에게 묻거나 현지를 가 보면 더욱 기억하기 쉽다. 이처럼 다양한 방법 중에서 가장 적당한 것을 골라 능동적이고 계획적으로 조사해서 정보를 수집하는 것은 고차 뇌 기능을 사용하는 활동이다.

그런데 인터넷에서는 그런 과정들이 너무나도 단순화되어 있다. 나중에 다시 찾을 수 있다는 생각에 생각하며 읽거나 파일로 저장하는 등 굳이 노력해서 기억할 필요성을 못 느낀다. 그러면 결국 아무 것도 아닌 것이 되므로 기억하지 못하게 되는 것이다. 그래서 결국 좋든 싫든 간에 인터넷을 사용하게 되면서 일상생활 속에서 지식을 얻는 과정의 다양성이나 복잡성을 잃어버리고 기억의 근거조차 알 수 없는 지식만 점점 늘어간다.

EASY COME EASY GO. 쉽게 얻은 것은 쉽게 사라진다. 인터넷에서 얻은 지식은 손 안의 모래와 같다.

실리콘 밸리의 CEO들은 4차 산업 혁명을 이끌어 갈 IT 기기들을 만들면서도 이 IT 기기들이 불러올 단점들도 명확하게 파악하였다. 츠키야마 타카시의 말처럼 IT 기기를 사용하지 않으면 불편하고 번거롭지만 능동적이고 계획적으로 조사해서 정보를 수집하다 보니 고차 뇌 기능이 작용하여 노력한 지식들이 쉽게 떠오르게 된다.

보통 암기에 의존하지 말라고 이야기하지만 암기가 되지 않으면 이해력이 늘지 않고 창의력 또한 늘지 않는다. 암기를 해야 이해가 되고 새로운 것도 만들 수 있는 것이다. 이런 과정들을 거치다 보면 스스로 문제를 해결하는 능력 또한 자연스럽게 길러진다. 필자는 경제학과 출신인데 자원 환경 경제학이라는 과목을 수강했던 적이 있다. 책을 봐도 생소한 용어들이 많이 나와서 수업을 따라가기 많이 힘들었다. 그런데 교수님께서

중간 고사를 보기 전에 단어 시험을 볼 것이니 책을 모두 볼 필요는 없고 단어만 암기하라고 말씀하셨다. 교수님 말처럼 단어를 암기하고 책을 보니 책 내용이 너무 쉽게 이해가 되어 매우 신기했던 적이 있다. 토익 인터넷 커뮤니티에서는 토익을 준비하는 취업 준비생이 아무것도 안 하고 토익 단어만 한 달 동안 외웠는데 토익 점수가 많이 올라서 신기했다는 사례들을 쉽게 발견할 수 있다. 이처럼 암기가 바탕이 되어야 이해도 쉽게 된다. 마찬가지로 부언가를 만드는 창의성 또한 암기가 바탕이 되어야 쉽게 만들어진다.

그러면 어떻게 해야 할까? 인터넷으로 정보를 얻지 않고 무조건 도서관이나 서점에 방문하거나 전문가를 만나서만 정보를 얻는 것이 좋을까? 아니다. 2006년에 비해서 달라진 점은 유투브 사이트가 활성화되었다는 것이다. 유투버로 활동한 수 많은 사람들이 부를 얻게 되자 검증된 전문가들이 유투브 활동을 시작하면서 오프라인 유료 강의만큼 도움되는 컨텐츠를 만들어 전파하기 시작하였다. 그렇기 때문에 인터넷으로 정보를 얻지 않는 것은 요즘 시대에 매우 불리한 정보 수집 방법이다.

그래서 필자는 일상 생활 속에서 지식을 얻는 과정의 다양성이나 복잡성을 위해 정보를 얻는 환경을 바꾸었다. 인터넷을 통해서 자료를 얻더라도 스타 벅스 카페에 가서 얻거나 혹은 도서관이나 스터디 카페에 가서 얻는 방법을 사용했다

이 방법은 얼핏 매우 귀찮게 느껴진다. 집에서 편안하게 하면 되지 뭐

하러 씻고 화장하고 옷을 차려 입고 나가는 등 일하지 않는 휴일에도 번거롭게 괜히 사서 고생을 하냐고 반문할 수 있다. 하지만 스타벅스 카페와 같은 특정 장소에 가려면 오랜 시간 동안 걷고 목적지에 도착하기 위해 눈동자를 움직여야 한다. 앞서 언급하였듯이 걷고 눈동자를 움직이는 행동은 두뇌를 활성화시킨다. 운동하기 전에 운동에 더 집중할 수 있게 만드는 스트레칭 운동 같은 역할을 한다. 또한 아침에 일어나서 씻고 옷을 차려 입는 것은 바쁘게 돌아가는 환경이 만들어져 두뇌가 활성화된다. 이런 이유로 휴일날 아침에 일어나서 씻고 옷을 입을 때는 '굳이 이렇게까지 해야 하나.'라는 생각이 들지만 막상 스타벅스, 도서관, 스터디 카페에 가면 두뇌 활성화를 위한 준비 작업이 끝났기 때문에 집중이 잘 되고 아이디어도 잘 떠오르며 암기도 잘된다. 그래서 필자는 해외여행을 준비하거나 원하는 목표가 있을 때 휴일에 노트와 태블릿 피씨를 들고 카페, 도서관, 스터디 카페에 가서 준비한 적이 많았다.

또한, 해외여행을 갈 때마다 문구점에 가서 마음에 드는 노트를 구매하였다. 그래서 그 노트 안에 해외여행 정보와 문제점과 해결책을 적으며 해외여행을 준비하였다. 이렇게 문구점에 직접 방문하여 새로운 노트를 구매하는 행위 자체가 내가 좀 더 좋은 성과를 달성하겠다는 다짐이기도 하며 새로운 공책에 하나씩 글자를 적다 보니 무언가 새로운 일에 도전하는 느낌이 들어서 더욱 집중하고 노력하게 된다. 이런 행동들은 두뇌를 신선하게 만드는 자극이 되었다. 챕터 초반에서 언급한 것처럼 이런 식의 신선하고 다양한 자극을 받는 것은 해마를 활성화시키는 것에 도움이 된다.

도서관에 가서 관련 책들을 읽으며 정보를 수집하자. 도움 되는 것들은 노트에 하나씩 정리하며 적어 보자. 혹은 카페에 가서 태블릿 피씨로 밀리의 서재 어플(e북)로 관련된 서적들을 읽거나 유투브로 관련 영상을 보거나 관련 커뮤니티에 조언을 구하거나 정보를 얻으며 노트에 하나씩 정보를 적어 보자.

이런 식으로 환경을 바꾸며 인터넷 속에서 양질의 정보를 얻는 방식을 필자는 디지털에 아날로그를 더하는 방식이라고 표현하고 싶다. 독자 여러분들도 고차 뇌 기능을 활성화시키는 환경에 접속하여 지식을 온전히 자기 것으로 만들며 좋은 아이디어를 만들어 보자.

〈두 번째 해결책-느림의 미학에 뇌 과학을 더하기, 천천히 편안하게 오랜 시간 동안 생각하며 노트에 문득 떠오르는 생각, 문제점, 아이디어를 적기〉

"천천히 편안하게 오랜 시간 동안 생각하며 노트에 문득 떠오르는 생각, 문제점, 아이디어를 적기." 이 문장을 보면 누구나 하는 것이라는 생각도 들고 노트에 적어 봤자 무슨 소용인지 하는 생각이 들 수 있다. 하지만 이런 분들에게는 정말 꾸준히 오랫동안 해 보셨는지 여쭤 보고 싶다.

-『뇌와 마음의 정리술』 츠키야마 타카시-

보이지 않는 적이 뇌를 혼란시킨다. 적은 전력을 알 수 없을 때가 가장 무서운 법이다. 하지만 이때 어떤 수단을 통해 적의 실태를 속속들이 알 수 있다면 어떨까? 수 없이 많아 보였던 것은 실상 기분 탓이었고, 후방의 적은 아직 너무 멀리 있기에 눈 앞의 적부터 해치워 버리면 그만이다. 혹은 실제로 많은 적군이 전부 눈앞까지 밀고 들어 왔다 해도 정예 부대만 물리치면 나머지는 저절로 전멸할 만큼 전력이 고르지 못할 수도 있다.

냉정하게 사고할 수 있는 힘을 빼앗은 나쁜 습관은 감정적인 문제의 과대평가이다. 해결할 문제, 해치워야 하는 업무가 산더미처럼 있을 때 막연히 많다고 생각만 할 뿐 제대로 분석하지 않고 필요 이상으로 부정적인 사고를 하는 경우가 많지 않은가? 스스로 문제를 '보이지 않는 적'으로 만들어 버리고 있지는 않은가?

많은 문제에 대처할 때는 반드시 '눈에 보이게 끔.' 만든 후 대응하도록 하자. 눈에 보이게 끔한다는 것은 생각을 머리로만 정리하려고 하지 않는 것을 말한다. 뇌에서 문제를 꺼내 눈에 보이는 형태로 만들고, 메모지 등을 통해 물리적으로 처리하면 그만이다. 감정적인 과대 평가가 냉정한 사고를 방해한다. 많은 문제를 머리로만 처리할 수 있다고 생각하지 말자.

그렇다. 사람들은 어느 수준 이상 어려우면 금방 포기한다. '나는 애 엄마(혹은 애 아빠)인데 혼자서 어떻게 해외여행을 갈 수 있겠나? 내 상황에서 어떻게 이런 것들을 할 수 있겠나? 내가 이런 것들은 해 본 적도 없는데 잘 할 수 있겠나? 내가 이거 예전에 잠깐 했을 때 형편없이 실패했는데 잘 할 수 있겠나?' 이런 생각들을 하며 지레 겁부터 먹고 포기하게 된다. 아니면 문제에 대한 해결책을 찾으려고 하지 않고 신세 한탄만 하며 시간만 흐르는 삶을 보내는 것이다.

필자가 얘기한 것처럼 휴일날 아침 씻고 옷을 차려 입고 문구점에 가서 새로운 노트를 사고 본인이 가고 싶은 장소(스타벅스, 도서관, 스터디 카페)에 가 보자. 그곳에서 자신이 원하는 해외여행 버킷 리스트와 그것을 실천할 때 생길 수 있는 문제점과 해결책을 노트에 하나씩 적어 보자.

적다 보면 의외로 별 것 아니거나 나름 괜찮은 해결책들이 떠올라서 쉽게 해결될 수도 있는 문제였는데 필요 이상으로 겁을 먹거나 부정적인 생각을 했을 수도 있다. 이처럼 문제들을 머리로만 생각하지 않고 글로 적는 행위는 문제를 해결하는 것뿐만 아니라 남다른 계획을 세우는 것에도 도움이 된다.

또한, 묻고 싶다. 오랜 시간 동안 꾸준히 하셨는가?

-『뇌와 마음의 정리술』츠키야마 타카시-

여러 가지 일을 동시에 집중하는 것은 가장 효율이 떨어지는 뇌의 사용법이다. 때문에 불안함과 초조함이 더해질 뿐 일에는 진척이 없다.

1년을 두고 생각하면 365일만큼의 '나'가 존재한다. 그날의 나, 그때의 나에게 일을 나누어 주자. '내일의 나'는 '오늘의 나'와 완전히 같은 사람이 아니다. 생물인 인간의 뇌는 그 날의 몸 상태나 기분, 기억력에 따라 상태가 달라지기 때문이다. 오늘 외운 정보가 머릿 속에서 정리되어 내일이 되면 문제가 더 명확하게 다가오는 경우도 있다.

결과적으로 '오늘의 나'는 해결하지 못하는 문제를 '내일의 나'는 해결할 수도 있다는 것이다. 아무리 해도 오늘은 끝나지 않는 일, 해결되지 않는 문제에 부딪혔을 때는 융통성을 발휘해 일의 순서를 변경하고 '내일의 나'에게 맡겨 보자.

물론 그렇다고 '오늘의 나'는 놀기만 해도 된다는 것이 아니다. '오늘의 나'는 '오늘의 나'로서 할 수 있는 일을 해야만 한다. 내일 이후의 '나'를 편하게 해 주려면 다른 일을 미리 처리해 두거나 문제 해결에 도움이 될 만한 정보를 뇌에 입력시키는 등 시작 단계의 준비만이라도 해 두어야 한다.

이것에 대해서는 여러 가지 주장들이 존재한다. 첫째, 수면을 취하면서 단기 기억이 장기 기억으로 전환되어 암기력이 상승되면 이해력과 창의력 또한 증가하여 문제를 해결한다는 것이다. 둘째, 무언가 천천히 계속 생각하다 보면 두뇌의 시냅스(두뇌의 정보 처리 능력)가 발달하여 밀도가 촘촘해진다고 한다. 계속 정보를 접하고 반복할수록 시냅스의 밀도가 촘촘해져서 관련 정보에 대한 처리 능력이 향상되는 것이다.

한 번에 해결하려고 하지 말고 365일만큼의 '나'가 존재하기에 그날의 나, 그때의 나에게 일을 나누어 주자. 이처럼 매일 꾸준히 하다 보면 시냅스의 밀도가 촘촘해져서 문제의 해결책이 떠오르고 좋은 아이디어가 떠오른다.

또한, 꾸준히 하는 것의 핵심은 강도를 조절하는 것이다.

-자하비(MMA 이종격투기 유명 코치)
조로건 팟캐스트 인터뷰-

"주짓수 훈련을 예로 들어 볼게. 나는 주짓수 수업에 매일 나와. 나와서 하루에 3라운드만 적당히 하고 집에 가. 근데 형은 일주일에 2번 3번 오지만 빡세게 하루에 5라운드씩 훈련했어. 자신의 몸을 멋지게 혹사하면서. 하지만 1년이 지난 다음에 생각해 보면 내가 훨씬 형보다 많은 양의 훈련을 했다고 할 수 있어."

"우리가 스파링을 한다면? 형은 강도 높은 주짓수 게임에 적응은 되어 있겠지. 다만, 나도 아주 가끔씩 진행했던 빡센 훈련을 통해 그것이 뭔지는 알게 될 거야. 그래서 형이 아무리 나에게 돌격적인 모드로 다가온다고 해서 그게 나에게 큰 놀라움을 아닐 거야. 가끔씩 빡센 훈련을 하는 것만으로도 그런 움직임에 대한 적응력은 충분히 갖출 수 있지. 나는 형보다 몇 백 시간을 더 많은 훈련을 했어. 그래서 내가 쉽게 이길 수 있을 거야."

해외여행 준비 TIP 모음

"훈련은 말야. 재밌어야 돼. 중독이 될 만큼 말이야. 근데 운동하는 사람들은 항상 스트레스 받을 만큼 자신을 밀어붙여. 훈련장에 가는 것만으로도 그들의 멘탈 에너지가 사용되는 거야."

"이건 비단 운동에 국한되는 내용이 아니라 모든 분야에서 적용되는 거야. 어느 정도 열심히 했다면 거기서 끝내. 더 하고 싶어도 말이지. 우리는 더 오랜 시간 동안 갈 길이 멀기 때문이지. 나는 절대적인 꾸준함이 높은 강도보다 훨씬 중요하다고 생각하는 사람이야."

"빡센 훈련은 가끔씩만 진행되는 거야. 이 세상 자연의 원리는 절대적으로 높은 강도는 가끔씩만 할 수 있게 되어 있어. 맨날 높은 강도로 훈련한다고? 절대 그렇게 될 수 없어. 자신의 최대 훈련량을 매일매일 해 나갈 수는 없다는 거지. 이건 자연의 섭리야. 물론 빡센 훈련이 중요하지 않다는 건 아니야. 하지만 그건 가끔씩일 뿐이지. GSP(UFC 웰터급 전 챔피언) 봐 봐. GSP가 아직도 건강한 이유가 바로 이거야. 걔는 스파링할 때 한 번도 다친 적이 없어."

"훈련한 다음 날은 기분이 좋아야 해. 아프면 안 돼. 아프다는 뜻은 오버트레이닝 했다는 말이야. 그런면 훈련하면 안 되지. 그럼 쉽게 되고. 그럼 하루를 날리는 거야. 그래서 맥스의 양에서 70%만 해. 그리고 대신 매일 하는 거야. 그렇게 된다면 훨씬 더 많은 양의 운동을 할 수 있고 신진대사도 훨씬 잘 될레고, 에너지와 기분 상태도 훨씬 좋아질레고, 무엇보다도 훈련 그 자체가 즐거워질 거야."

소낙비 내리듯이 한꺼번에 몰아서 하면 반드시 지치게 된다. 대신 가랑비에 옷 젖는 듯 모르듯이 천천히 편안한 마음으로 생각하며 꾸준히 노트에 적어 보자. 매일매일 조금씩 문제점, 아이디어, 문득 떠오르는 생각들을 공책에 적어 보는 것이다.

필사적으로 생각할 때는 초조한 마음 때문에 좋은 아이디어가 떠오르지 않는다. 하지만 시간을 두고 천천히 편안하게 생각하다 보면 어느 순간 긴장이 풀리게 되고 좋은 아이디어가 번쩍 떠오르는 순간이 오게 된다. 그럼 스마트폰에 메모해 놨다가 나중에 노트에 정리해서 적어 보자. 그렇게 정리되면서 하나씩 하나씩 나의 문제점에 대한 해결의 실마리가 보이기 시작한다.

이처럼 하루에 몰아서 7시간 생각하며 적는 것보다 일주일동안 1시간씩 나눠서 생각하며 적는 것이 훨씬 도움이 되는 것을 알 수 있다.

츠키야마 타카시는 본인의 저서에서 이런 주장도 하였다. "열심히 아이디어를 내려고 할 때는 생각도 안 나다가 반쯤 포기한 채 푹 자고 나니 기막히 아이디어가 떠올랐다. 어려운 문제가 있을 때 차라리 포기하고 자버리고 나면 부정적인 감정들이 작아져서, 중요한 정보들을 조합할 수 있는 상태를 회복하는 것이다."

필자는 해결책을 '고차 뇌 기능 향상을 위한 슬로우 씽킹 노트 적기'라고 표현하였는데 '슬로우 씽킹'이라는 문장은 2020년에 출판된 황농문 교

수의 책 『슬로우 씽킹』에서 가져온 말이다. (슬로우 씽킹=천천히 편안한 마음으로 오랜 시간 생각하는 것)

-『슬로우 씽킹』황농문(서울대 교수)-

각성한 뇌는 암기를 하고 이완한 뇌는 새로운 발상을 한다.

하버드 대학의 심리학자, 로버트 여키스와 존 도슨은 자극과 생산성 간의 관계를 알아보기 위해 실험용 쥐를 미로 안에 넣고, 약한 전기 자극으로 인한 스트레스가 미로 탈출에 어떤 영향을 미치는지 실험했다. 어느 수준까지는 스트레스가 증가함에 따라 수행 능력과 효율성이 높아지지만 스트레스가 그 이상으로 고조되면 수행 능력과 효율성이 떨어진다는 것이다. 즉 수행의 효율성은 각성 또는 스트레스가 중간 단계일 때 최대가 된다는 것이다.

이후 스트레스와 수행 능력의 관계에 대한 추가 연구가 뒤따르면서 업부 성격에 따라 둘의 상관 관계가 달라진다는 것이 밝혀졌다. 과제 난도가 낮거나 끈기가 필요한 업무는 각성 수준이 상대적으로 높을 때 수행 능력이 향상한다. 그러나 업무 과제가 어렵거나 창의성 또는 높은 지적 능력을 요구하는 경우에는 각성 수준이 상대적으로 낮을 때 집중이 더 잘되고 수행 능력도 좋아진다. 다시 말해 도전적인 기획이나 혁신적인 아이디어를 창출하는 업무에는 슬로우 씽킹이 큰 도움이 된다고 해석할 수 있다.

천천히 편안한 마음으로 하나의 문제에 골몰해 오랜 시간 슬로우 씽킹을 하면 평소에는 경험하기 힘든 고도의 몰입 상태에 다다른다. 바로 이런 이유로 평소의 몰입도로는 평생 노력해도 해결하지 못할 난제를 해결할 수 있는 것이다.

천천히 편안한 마음으로 계속 생각하고 관련 지식을 접하자. 관련 지식과 아이디어와 해결책을 하나씩 노트에 꾸준히 적다 보면 고도의 몰입 상태에 진입하여 반드시 문제가 해결되는 순간이 올 것이다.

〈세 번째 해결책-긍정적 시너지를 만들기, 관련 경험이 많은 커뮤니티에 조언을 구하거나 도서관에 방문하여 관련된 책을 검색하고 찾아보기, 그 과정 속에서 도움이 될만한 지식들과 새로운 문제점, 생길 수 있는 변수들을 노트에 적기〉

천천히 편안한 마음으로 생각하면서 노트에 적다 보면 목표를 이루기 위해 작은 문제점들을 하니씩 해결해야 되는 순간들이 온다. 이 작은 문제점들을 계속 해결하면 목표가 달성되는 것이다. 하지만 계속 생각해도 풀리지 않는 작은 문제들이 있다. 좋은 해결 방법 중 하나는 전문가에게 조언을 구하는 것이다.

첫째, 카페 회원 수가 많은 관련 인터넷 커뮤니티에 조언을 구하자.
본인이 원하는 주제에 매니아들만 모여 있다 보니 조언하는 수준 자체가 남다른 숨어 있는 고수들이 많다. 내가 생각하지도 못한 다양한 조언

해외여행 준비 TIP 모음

들을 접할 수 있어서 문제 해결에 큰 도움이 된다.

둘째, 관련 전문가에게 유료로 상담을 구하자.

관련 커뮤니티에 글을 올렸는데도 해결이 되지 않는다면 전문가에게 돈을 지불하여 상담을 받는 방법이 있다. 요즘 디지털 플랫폼이 활성화되어 있다 보니 탈잉, 숨고, 크몽 등의 사이트에서 많은 전문가들이 유료 상담을 진행하고 있다. 무작정 인기 있는 사람에게 유료 상담을 받기보다는 본인이 어떤 문제가 있는지 확실하게 정리하여 이 문제를 명확하게 해결할 수 있는지 문의하는 것이 중요하다. 자세하고 명확한 문의일수록 양질의 답변을 받을 수 있다.

전문가에게 상담을 받는 것은 매우 중요한 일이다. 왜냐하면 오랜 시간 동안 생각해서 얻은 아이디어가 틀릴 수도 있기 때문이다. 유명한 베스트 셀러 설득의 심리학에서는 자신이 투자하면 투자할수록 그 대상에 매력을 느낀다는 주장을 하였다. 내가 오랜 시간 투자해서 얻은 해결책이기 때문에 그 해결책에 매력을 느끼지만 실제로는 문제 해결이 되지 않을 수도 있다. 또한, 전문가에게 조언을 얻다 보면 내가 전혀 상상하지도 못했던 문제를 발견하거나 위험성을 발견할 수 있다.

그동안 다룬 내용들을 정리해 보자. 만약 독자분께서 한 달 동안 외국에서 혼자 사는 해외여행 계획을 세운다고 가정하자.

첫째, 고차 뇌 기능을 활성화시키는 환경에 접속하기.

휴일날 아침에 일어나서 식사하고 씻고 옷도 단정하게 입는다. 문구점에 들러서 마음에 드는 공책을 구매한다. 그리고 가까운 동네 도서관 혹은 국회 도서관에 방문한다. 이런 일은 처음에는 매우 번거롭게 느껴질 수 있지만 두뇌가 바쁘게 돌아가는 환경이 어느 정도 만들어져서 두뇌가 활성화된다. 문구점을 거쳐 도서관에 도착하면 최소 30분은 걷고 목적지에 도착하기 위해 눈동자를 바쁘게 움직이게 된다. 그래서 도서관에 도착할 때쯤 두뇌가 활성화되어있다. 새로운 아이디어를 만들거나 새로운 지식을 접하기 위한 준비 운동이 끝난 상태가 된 것이다.

둘째, 천천히 편안하게 오랜 시간 동안 생각하며 노트에 문득 떠오르는 생각, 문제점, 아이디어를 적기

도서관에 앉아 문구점에서 구매한 새로운 공책을 펴고 '해외에서 한 달 동안 혼자 살기.' 문구를 적는다. 처음 대학교에 입학하거나 처음 학원에 방문했을 때처럼 무언가 새로운 일을 시작하는 것 같아 마음이 설렌다. 내가 왜 이 여행을 가는지, 여행 가서 생길 수 있는 문제점은 무엇인지, 이 여행을 어떻게 준비해야 하는지 아이디어를 하나씩 적어 간다.

어느 정도 적었을 때 더 이상 적을 것이 없다고 생각되면 도서관에서 한 달 동안 머물 나라의 특징이 담겨 있는 해외여행 책을 읽어 본다. 책을 넘기면서 마음에 들거나 도움이 될 만한 지식을 공책에 메모하거나 스마트폰으로 사진을 찍는다. 혹은 이어폰을 끼고 태블릿 피씨나 스마트폰으로 관련 내용에 관한 유투브 영상을 보거나 여행 커뮤니티에 접속하여 관

해외여행 준비 TIP 모음

런 키워드를 검색하며 정보를 얻는다.

어느 정도 시간이 되면 가방을 정리하고 도서관을 떠나서 휴일에 하고 싶었던 일들을 하며 쉰다. 한 번에 지나치게 몰아서 노력하면 굉장히 힘든 일이라는 각인이 생겨 다음 번에 하기 부담스러워진다. 그러지 말고 앞에서 언급한 것처럼 맥스의 양에서 70%만 하자. 대신 매일 꾸준히 하는 것이다. 물론 휴일에는 더 많이 투자할 수 있고 일하는 주중에는 조금만 투자할 수 있다. 평일에는 출근해서 어느 정도 두뇌가 활성화되어 있기 때문에 퇴근 후 가까운 카페에 들리거나 편안한 마음으로 집에서 투자해도 괜찮다. 가장 중요한 것은 편안한 마음으로 꾸준히 하는 것이다.

이렇게 매일 노트에 하나씩 적다 보면 알게 된다. 적으면 적을수록 적을 것들이 더욱 많아진다. 어제 떠오르지 않았던 것들이 오늘 떠오르게 된다. 마찬가지로 오늘 떠오르지 않았던 것들은 내일 떠오를 것이다. 아프면 병원은 어떻게 가야 하는지?, 내가 머물 숙소 근처에 병원은 어디에 있는지? 여행자 보험은 어떻게 가입하는지. 해외에서 병원에 갔을 때 영수증은 어떻게 요청해야 되며 한국에서 어떻게 금액을 청구하는지 확인하기 위해 보험 사이트에 접속도 해야 한다. 모르면 보험 회사 콜센터에 전화하여 문의하는 시간도 필요하다.

애 엄마 혹은 애 아빠라면 가족들에게 한 달이라는 공백 시간에 대하여 어떻게 양해를 구할지 생각해 봐야 하고 가족들끼리 이야기하는 시간도 필요하다. 주변에 관광 명소는 어떤 곳인지, 유명한 맛집은 어느 곳인지 검색해 보고 나의 취향에 맞는지 확인해야 한다. 한 달 동안 해외여행 비용은 어떻게 마련할 것인지 계획을 세워야 한다. 환율이 낮을 때마다 환전을 조금씩 꾸준히 하여 비용을 절약하는 지혜도 필요하다. 머무는 지역과 숙소는 어떤 곳으로 할지 생각하는 시간도 필요하다. 여러 가지 응급상황은 어떤 유형이 있으며 누구한테 도움을 청해야 할지 정리해야 한다.

이렇게 매일 '365일의 나'에게 적당히 업무를 나누어 주다 보니 부담이 되지 않는다. 맥스의 양에서 70% 정도만 노력하다 보니 다음 날 힘들지도 않고 기분이 상쾌하며 부담 되지 않아 매일 꾸준히 노력할 수 있게 된다. 예전에는 문제를 머리로만 생각했는데 노트에 적다 보니 '보이지 않는 적'이 '보이는 적'으로 바뀌어서 마음이 차분해진다. 도저히 해결할 수 없을 것 같던 문제도 노트에 적고 천천히 편안하게 매일매일 생각하다 보니 시간이 지나면서 나름 괜찮은 해결책이 떠오른다. 어떤 문제는 아무리 생각해도 해결책이 떠오르지 않아 '에라 모르겠다.'라고 생각하며 편안한 마음으로 잠을 잤는데 다음 날 아침 세수하면서 혹은 직장에 출근하면서 갑자기 기막힌 아이디어가 번쩍하고 떠오른다. 아니면 퇴근 후 오늘은 그냥 쉬자고 생각했는데 샤워하면서 긴장이 풀려 번쩍 떠오르기도 한다. 이것은 우연의 결과가 아니라 반복된 노력의 결과다. 시냅스가 촘촘해져서 관련 정보의 처리 능력이 향상되는 것이다. 그 결과, 좋은 아이디어가 떠오르고 문제의 해결책이 떠오른 것이다.

셋째, 관련 경험이 많은 커뮤니티에 조언을 구하거나 도서관에 방문하여 관련된 책을 검색하고 찾아보기. 그 과정 속에서 도움이 될만한 지식

해외여행 준비 TIP 모음

들과 새로운 문제점, 생길 수 있는 변수들을 노트에 적기.

해외여행 커뮤니티에는 해외여행을 자주 가거나 해외에서 실제로 살고 있는 숨어 있는 고수들이 많다. 오랜 시간 풀리지 않았던 문제들도 조언을 구하면 쉽게 해결이 된다. 한 달 플랜을 커뮤니티 게시판에 글을 올리니 부족한 부분을 피드백 받는다. 숨어있는 고수들로부터 전혀 생각하지 못했던 새로운 변수들을 조언 받아 매우 감사한 느낌도 든다. 또한, 내가 올린 글을 보며 좋은 아이디어를 얻었다며 감사하다는 댓글을 받아 뿌듯한 기분도 느낀다.

이렇게 3가지 과정들을 거치다 보면 그토록 원했던 해외여행 준비가 마무리 된다. 노트에 하나씩 적으며 치밀하게 준비하다 보면 실제로 해외에 가도 걱정 없이 마음 놓고 편안하게 여행을 즐길 수 있다. 준비한 만큼 나의 취향에 맞는 여행을 즐기며 여태까지 경험하지 못한 깊은 행복을 느낄 수 있다.

처음부터 잘하는 사람은 없다. 자신의 꿈과 자신이 원하는 삶이 간절하기 때문에 어려운 상황 속에서도 답을 찾는 것이다. 처음에 하면 당연히 막막하다. 하지만 그 막막함과 압박을 뚫고 정말 열심히 노력하는 소수만이 성공한다. 천천히 편안하게 오랜 시간 생각하고 전략적으로 꾸준히 실천하다 보면(맥스의 양에서 70%) 어느 순간 나도 모르게 꿈이 현실이 되어 있다. 필자도 처음에는 영어 회화를 거의 못했지만 좋은 기업에 입사하고 싶은 마음에 토익 스피킹을 공부하고 영어 회화 학원을 다니고 외국인 친구와 영어로 대화를 나누고 취업 관련 자격증을 따면서 천천히 그리고 꾸준히 노력했다. 그 결과, 괜찮은 외국계 기업에 아웃 소싱 계약직으로 입사했지만 정규직으로 전환되어 근무하고 있다. 필자가 5년 전 비전 카드에 적은 '외국계 기업 입사하여 원어민 고객 응대'가 현실이 된 것이다.

언뜻 보면 가장 비참한 인생을 산 사람은 모든 걸 바쳐 노력했는데도 실패한 사람처럼 보인다. 그렇지 않다. 가장 비참한 인생을 산 사람은 두려움과 압박감 때문에 신세 한탄만 하고 모든 걸 바쳐 노력하지 않고 시간만 흘려보내다 노년기가 되어 '젊었을 때 이거 해 볼 걸, 저거 해 볼걸.'이라며 후회하는 사람이다. 두려움과 압박감에 신세 한탄만 하고 시간만 흘려보내다 벼락치기로 노력하여 실패하는 삶을 반복하는 비참한 인생을 살 것인지 두려움과 압박감 속에서도 편안한 마음으로 천천히 생각하고 전략적으로 노력하여 성공하는 소수가 될지는 본인에게 달려 있다.

정말 원하는 목표가 있으면 노트에 적어 보자. 그리고 그 목표를 이루기 위해 필요한 작은 목표들을 적어 보자. 머리로만 생각했을 때는 매우 복잡했는데 하나씩 노트에 적다 보면 의외로 쉽게 해결되는 작은 목표들이 있다. 그 외에 쉽게 해결되지 않는 작은 목표들을 하나씩 해결하다 보면 막연해 보였던 꿈이 현실이 되는 것이다.

유형에 따라 정해진 일만 하는 것은 산업 혁명 시대에나 있던 일이다. 내일을 예측할 수 없고 매우 황당한 일이 생겨도 어떻게든 해결해 내야

해외여행 준비 TIP 모음

생존하는 것이 현대 사회다. 그렇기에 독자분들에게 해외여행에 필요한 필수 정보뿐만 아니라 심화 정보도 알려 드리고 싶었다. 즉, 어떻게 정보들을 조합하며 어떻게 자기 것으로 만들어 유용하게 활용할 수 있는지를 알려 드리고 싶었다.

해외여행을 한 번도 다녀오지 않은 독자분들께서는 지금은 감도 안 오고 막막하겠지만 천천히 편안한 마음으로 하루하루 준비하다 보면 꼭 원하는 해외여행을 다녀올 수 있을 것이다. 그 경험들을 통해 좋은 방향으로 인생이 바뀔 것 또한 확신한다.

필자가 가장 많이 투자하고 원했던 외국인 친구를 사귀는 데 중요한 점들을 정리하며 이 챕터를 마치고자 한다. 할 수 있다는 초심을 계속 유지하며 하루하루 천천히 계속 쌓아 가자. 반드시 해낼 수 있을 것이다.

〈외국인 친구 사귀는 데 중요한 포인트〉

첫째, 상대의 성향 자체가 나와 맞지 않거나 사교적이지 않을 수 있다는 점을 생각하자.

취미 활동이 같더라도 나와는 성향이 달라서 거리감이 생기는 경우가 있다. 혹은 원래 성격 자체가 사교적이지 않아서 잘 연락이 되지 않는 경우가 있다. 아무리 국가 간 문화가 달라도 개인마다 성향 차이가 있을 수 있다. 그러니 연락이 잘 되지 않는다면 본인이 실수한 점이나 부족한 점이 있었는지 잘 생각하되 너무 자책하지 말고 관계를 정리하도록 하자. 실패한 과거에 상처받고 얽매이는 대신 단점은 고치고 약점은 보완하며 나를 조금씩 더 괜찮은 사람으로 만들어가자.

둘째, 상대가 대인 관계에 대해서 어떤 사고 방식을 가지고 있는지 판단하자.

승승 대인 관계=나도 이기고 상대도 이기는 대인 관계
승패 대인 관계=나만 이기고 상대는 지는 대인 관계
패승 대인 관계=나는 져도 상대는 이기는 대인 관계
패패 대인 관계=나도 지고 상대도 지는 대인 관계

위 4가지 대인 관계는 스티븐 코비의 『성공하는 사람들의 7가지 습관』이라는 책에서 다루는 문장이다. 평소에 자신이 원하는 것들을 이루지 못해 욕구 불만이고 자신의 이익만 생각하는 이기적인 사람들은 사회에서 루저(패배자)라고 불린다. 루저들은 승패 대인 관계를 멋진 것으로 생각하며 반드시 지켜야 할 대인 관계로 생각한다. 그러나 평소에 자신이 원하는 것들을 이루어가며 사교성이 좋은 사람들은 사회에서 위너(승리자)라고 불리는데 위너들은 승승 대인 관계를 멋지거나 반드시 지켜야할 대인 관계로 생각한다. 위너들은 시너지(시스템 에너지)의 중요성을 인식하고 루저들은 시너지의 중요성을 인식하지 못한다. 위너는 위너로 살 수밖에 없는 이유가 있고 루저는 루저로 살 수밖에 없는 이유가 있다.

루저들이 승패 대인 관계를 가지고 있는 사람과 대인 관계를 유지하려면 내가 패승 대인 관계를 추구하며 만날 수밖에 없다. 승패 대인 관계는 다른 게 아니라 틀린 것이다. 가장 좋은 대처 방법은 승패 대인 관계를 가진 사람들과 처음부터 엮이지 않는 것이 중요하다.

그렇다고 무조건 극단적으로 생각할 필요는 없다. 내가 베푸는 데도 베풀지 않으면 나와 성향이 맞지 않아 거리를 두는 것일 수도 있으니 스쳐 지나가는 인연으로 생각하며 된다. 단, 승패 대인 관계를 가진 사람은 남이 나에게 맞추는 것을 법으로 생각하고 내가 남에게 맞추는 것을 악이라고 생각하는 한심한 사람이니 애초에 처음부터 엮여서는 안 된다. 루저들은 본인이 원하는 것을 얻기 위해 노력하는 대신 본인이 원하는 것을 얻은 사람을 질투하며 끌어내리려고 시간을 투자한다. 맹모삼천지교를 생각하자. 맹자의 어머니가 왜 아들의 교육을 위해 3번의 이사를 갔는지 생각해야 한다. '알고 보면 다 착한 사람인데 왜 그러냐?'라는 마음가짐으로 내 주변의 대인 관계를 제대로 정리하지 않으면 언젠가 반드시 그 대가를 치르는 날이 오게 된다. 내가 상대에게 맞추고 상대도 나에게 맞추는 승승 대인 관계가 정답이다. 그 외의 대인 관계는 모두 버려야 한다.

그렇기에 상대가 평소에 어떤 생각을 가지고 있는지 장점만을 생각하며 섣불리 판단하지 말고 천천히 오랜 시간 지켜보자. 외국에 와서 들뜬 마음으로 혹은 상대의 외모나 사회적 지위만 보고 괜찮은 사람이라고 판단해서는 안 된다. 이미지와 다르게 사기꾼일수록 예의가 바른 경우가 많다.

셋째, 상대 국가의 문화를 공부하자.

각 국가마다 실례되는 문화가 있다. 내가 외국인이기 때문에 상대가 이해하고 감안하겠지만 무례한 행동을 해서 좋을 것은 없다. 싸워서 이기는 것이 아니라 친목을 다지고 인연을 만들기 위한 것이니 상대 국가의 문화를 어느 정도 공부하자. 상대에게 무례하게 보이지 않을 수 있고 어느 정도 상대의 문화를 공부하고 존중하는 사람이라는 좋은 이미지를 줄 수 있으며 대화 또한 잘 이어 나갈 수 있다.

넷째, 논쟁이 되거나 부정적인 주제는 피하자.

당연한 이야기지만 의외로 지키지 않는 사람들이 많다. 논쟁이 되거나 괴롭고 힘든 주제는 대화 시 피해야 한다. 처음에는 상대가 흥미롭고 좋은 주제로 나아갔으나 중간에 논쟁이 되거나 부정적인 주제로 대화가 흘러간다면 새로운 주제로 바꿔서 이야기하거나 예전에 재미있게 이야기했던 주제로 되돌아가야 한다.

본인이 괜찮다면 상대가 괴롭고 힘든 상황이 있을 때 경청하면서 상대의 이야기를 잘 들어주자. 상대가 힘든 상황에 처했을 때 잘 들어주고 챙겨 준다면 큰 힘이 될 수 있다. 앞서 언급한 것처럼 상대에게 지음(나의 음을 알아주는 사람)이 될 수 있을 것이다.

다섯 번째, 상대가 좋아하는 주제 혹은 상대를 주제로 이야기하자.

해외여행 준비 TIP 모음

이것 또한 당연한 이야기지만 대화란 상대가 좋아하는 주제 혹은 상대를 주제로 이야기하는 것이 좋다. 좋아하는 주제가 나와 너무 다르다면 친구로 지내는 것을 다시 생각해 봐야 한다. 하지만 의외로 새로운 주제를 접하다 보면 나도 모르게 흥미를 가지는 경우가 있다. 그러니 일단 호기심을 가지고 상대의 이야기를 잘 들어 보자. 새로운 취미를 가질 수도 있다.

여섯 번째, 대화를 충분히 하고 라인 아이디를 얻자.

외국인 친구를 만들어야겠다는 급한 마음에 라인 아이디를 초반부터 얻으려고 하는 경우가 있다. 그러지 말고 상대와 대화를 나누며 친밀감을 쌓자. 그리고 대화를 더 이어 나가려는 목적으로 라인 아이디를 얻는 것이 자연스럽다. 매너도 좋고 스타일이 좋은 사람들은 이성 혹은 동성이 먼저 대화를 건네는 경우가 많다. 그러다 보니 라인 아이디를 알려 주더라도 처음에 만났을 때 대화를 재밌게 하여 친밀감도 쌓고 좋은 이미지도 얻어야 나와 더 연락을 많이 할 확률과 나와 더 친해질 가능성이 높아진다.

반대로 라인 아이디를 가급적 빨리 얻어야 하는 경우는 상대가 영어를 아예 못할 경우다. 친하게 지내고 싶은 사람이 중국인이나 일본인이라면 라인 아이디를 얻고 상대의 라인 아이디와 나의 라인 아이디, 그리고 라인 번역 아이디를 추가하여 라인을 통해 대화하는 것이 좋다. 내가 재밌게 잘 이야기만 한다면 라인 대화를 통해 의외로 빠르고 깊은 친밀감을 쌓을 수 있다.

일곱 번째, 대화 준비는 명확하고 단순해야 한다.

해외여행을 가서 마음에 드는 외국인 친구를 만들 때 대화 주제를 어느 정도는 정리해 가는 것이 좋다. 그래야 대화가 자연스럽고 매끄럽게 진행되어 친밀감을 잘 쌓을 수 있기 때문이다. 단, 너무 준비한 주제와 문장을 완벽하게 적용시키려 하지 말고 대략적으로 상황에 맞춰 바꿔서 사용한다고 생각하는 것이 좋다. 알다시피 대화란 언제 어떻게 바뀔지 모른다. 내가 준비한대로 너무 맞춰서 이야기하려고 하면 대화의 흐름이 어색해진다. 우리는 영화나 드라마를 촬영하는 배우처럼 대사를 그대로 이야기하는게 아니라 친밀함을 쌓기 위해 대화를 하는 것이다.

대본에 있는 대사대로 이야기해야 하는 배우들도 영화나 드라마를 촬영할 때 상황에 맞는 애드립을 하거나 대사를 어느 정도 바꿔서 이야기한다고 한다. 상황에 맞게 자연스럽게 촬영이 흘러가기 위해서라고 한다. 마찬가지로 상황에 맞게 자연스럽게 흘러가는 대화를 해야 친밀함이 쌓인다. 그러니 준비한 것을 어느 정도까지만 상황에 맞춰 사용한다고 생각하자. 애드립을 하거나 어느 정도 대사를 바꿔서 얘기하는 배우들처럼 준비한 것보다 더 괜찮은 문장이 떠오르면 잠시 그 문장이 괜찮은지 생각해 보고 그대로 이야기해도 좋다.

여덟 번째, 준비만 잘 되어 있다면 그냥 하면 된다.

해외여행 준비 TIP 모음

주변 사람들한테 외국인 친구가 있다고 이야기해 보자. 전부 다 긍정적인 반응을 보이면서 사교성이 좋다고 얘기할 것이다. 마찬가지로 해외에도 외국인 친구에 대한 좋은 이미지가 있다. 영어를 잘하는 사람이 머리가 좋아 보이는 것처럼 외국인 친구가 있는 사람도 사교성이 좋아 보인다. 영어를 잘 하면 스마트한 이미지가 생기고 좋은 외국인 친구가 있다면 사교성이 좋은 이미지가 생기기 때문에 의외로 해외에 가서 현지인에게 친하게 지내고 싶다고 하면 좋아하고 반가워하는 경우가 많다.

본인에게 잘 맞는 깔끔한 옷을 입고 머리를 잘 정돈하고 청결한 상태에서 해외여행을 가는 것을 추천한다. 필자는 중요한 해외여행 때 중요한 만남 자리에서는 현지 미용실에 가서 스타일링까지 받고 참석했다. (스타일링은 미용사들이 머리를 감겨 주고 왁스를 발라 주거나 손님이 원한다면 고데기로 일시적인 컬을 만들어 주는 시술 행위다. 스타일링 비용이 커트 비용보다는 저렴하다. 필자는 해외여행을 가기 전에 원하는 머리 스타일로 미용실에서 펌이나 커트를 하고 현지에 가서 다시 스타일링을 받았다.)어떤 나라에 가건 외모에 대한 선입견을 가질 수 밖에 없다. 그렇기에 외모를 잘 관리하고 옷을 잘 입고 매너가 좋고 자연스럽게 대화만 한다면 어느 나라에 가건 좋은 외국인 친구를 잘 사귈 수 있을 것이다.

준비만 잘 되어 있다면 그냥 하면 된다. 너무 두려움을 갖지 말고 그렇다고 너무 쉽게 생각하지 말고 준비만 잘되어 있다면 그냥 하면 된다고 생각하자. 앞서 언급한 것처럼 외국인 친구를 사귀면 현지 여행을 훨씬 더 재밌게 즐길 수 있다. 숨겨진 맛집을 갈 수 있고 현지 사람들만이 접할 수 있는 유용한 정보를 알 수 있고 현지 사람과 소개팅 자리도 가질 수 있는 등 여러 가지 장점이 있다. 해외여행은 인생을 살면서 꼭 해 봐야 하는 필수 경험처럼 나의 코드에 맞는 외국인 친구를 사귀는 것 또한 인생을 살면서 꼭 해 봐야 하는 필수 경험이다.

한 나라가 다른 나라와 무역을 하면서 크게 성장하듯이 사람 또한 외국에서 경험을 하고 외국에서 다양한 사람을 만나야 크게 성상할 수 있다. 본인의 성향에 맞는 외국인 친구를 사귀는 것은 즐거운 해외여행뿐만 아니라 본인의 성장에도 큰 도움이 되는 것을 명심하자.

해외여행 준비 TIP 모음

챕터 3

최종 정리

해외여행 가기 전 준비 목록

각자마다 여행 취향이 다르기 때문에 꼭 필요한 필수 목록만 담았다. 여행 가기 전에 체크해서 빠뜨리는 품목이 없도록 하자.

〈가방과 캐리어〉

(1) 기내용 캐리어 혹은 가방(액체를 넣으면 안 된다)

- 여권= 앞서 언급하였듯이 여행 가기 전날 밤에 미리 가방에 챙겨 두자. 집을 나서기 전에 한 번 더 여권이 있는지 확인하자.
- 지갑= 여권뿐만 아니라 지갑 없는 해외여행 또한 상상할 수 없다. 이것 또한 여행 가기 전날 밤 미리 챙겨 두고 집을 나서기 전에 지갑을 챙겼는지 다시 확인하자.
- 휴대용 와이파이(로밍을 하지 않았을 경우), 휴대폰 충전기, 고속 멀

티 충전기(가족끼리 가거나 많은 인원이 같이 여행 간다면 고속 멀티 충전기를 가져가는 것을 추천한다. 2~3만 원 대면 6개를 동시에 충전시킬 수 있는 고속 멀티 충전기를 구매할 수 있다.). 그 외 배터리가 들어 있는 전자 기기들(휴대용 스마트폰 충전기, 태블릿 피씨, 디지털 카메라 등등)

- 항공성 중이염 예방약(평소에 귀 쪽이 약하거나 한 번이라도 항공성 중이염을 걸렸으면 이비인후과에서 예방약을 처방받아서 비행기 타기 1시간 전, 비행기 탄 이후 1시간 뒤에 복용하자.)
- 필요할 때 사용할 수 있는 여행용 티슈
- 지금 읽고 있는 이 책(영사관 전화번호 기재 및 위급 상황시 대처할 수 있는 많은 팁들이 적혀 있다.)

(2) 화물용 캐리어 (배터리를 넣으면 안 된다)

- 광범위 피부 질환 연고(에스로반), 반창고, 소화제, 지사제, 해열제
- 샴푸, 바디 워시, 샤워 타올(타인과 함께 쓰기 싫어하거나 피부가 민감해서 아무것이나 쓸 수 없다면 샴푸와 바디 워시와 샤워 타올은 따로 가져가는 것이 좋다.), 치약, 칫솔
- 여행하며 하루마다 입을 옷들, 속옷, 양말, 수건(호텔에 가면 괜찮지만 에어비앤비에 가면 수건이 충분이 없을 수도 있기 때문에 필요하면 여분으로 수건을 가져가자.)
- 여분용 신발(음료수를 쏟아 더러워지거나 신발이 훼손되어 사용할 수 없을 경우를 대비하여 한 개 정도는 여분용 신발을 가져가는 것을

추천한다.)
- 피로를 풀 수 있는 비타민 C, 발 패치
- 화장품 종류(스킨, 로션, 선크림 등등)

〈해외여행 가기 전 준비〉

- 구글 지도로 링크 만들기. 구글 맵 사용 방법 한국에서 익히기
- 여권 유효 기간 및 훼손 여부 확인
- 숙소 예약
- 비행기 예약
- 해외에 가서 사용할 여행 비용 환전
- 인터넷 로밍 신청 혹은 휴대용 와이파이 기기 대여
- 스마트폰 메모장에 머무를 숙소 주소와 전화번호를 미리 저장하기
- 해외여행 가서 볼 영화 혹은 드라마를 스마트폰 혹은 태블릿 피씨에 담기
- 쿠션이 좋은 신발 구매하여 오래 걸어도 괜찮은지 1시간 정도 걸어 보기
- 취침 전에 먹으면 피로가 풀리는 제품 구매하고 먹어 보며 나와 잘 맞는지 확인 후 챙겨 가기
- 출국하기 전날 밤 그리고 집을 나서기 전 여권과 지갑을 가져가는지 확인하기

코로나 이전 해외여행과
지금 해외여행의 다른 점 3가지

코로나 이전에 해외여행을 즐겼던 분들은 공통적으로 3가지 사항이 모두 해결이 되어야 코로나 이전과 같은 해외여행을 즐길 수 있다고 입을 모아 이야기한다.

(1) 무비자 혹은 관광 비자 발급 재개
(2) PCR 검사 폐지
(3) 무격리

코로나 이전에는 무비자 혹은 관광 비자(관광 목적으로 단기간 체류할 수 있는 비자)가 쉽게 발급되는 나라가 많았다. 그러나 코로나 이후 무비자 혹은 관광 비자 발급이 거의 막혔다. 또한, 최근 고유가 상황으로 유류할증료도 많이 올라서 비행기 티켓 가격이 많이 비싼데 PCR 검사 비용 또한 만만치 않게 비싸다.

이 책을 집필하는 현재 한국은 귀국 전 PCR 검사 의무가 존재한다. 귀국 전 현지에서 PCR 검사를 하여 양성이 확인될 경우 현지에서 7일에서 10일 정도 격리를 해야 한다. 격리를 하면서 지불해야 하는 호텔비, 호텔 전용 차량 이동비, 새롭게 예매해야 하는 비행기 티켓 가격, 치료비 등을 지불하다 보면 그야말로 엄청난 추가 비용이 발생된다. 또한 학교나 직장에 가지 못하는 문제도 생긴다. 말이 잘 안 통하는 외국에서 자가 부담으로 격리하는 것은 매우 고통스러운 일이다.

그렇기에 위 3가지 사항이 모두 해결된 이후 해외여행을 가겠다는 분들도 많으시다. 해외여행을 떠나기 전에 위 3가지 사항 중 어떤 것들이 해결되었는지 정확하게 확인하며 해외여행을 준비하자. 자칫하면 해외여행이 큰 악몽으로 변할 수 있다.

외국인 친구에게
선물 보내며 우정 쌓기

외국인 친구를 사귀면 친해진 이후 서로 선물을 주고받는 재미가 있다. 현지에서 저렴하게 살 수 있는 과자나 한정판 굿즈(예를 들면 스타벅스 텀블러, 옷, 신발 등등)를 서로 주고받으며 우정을 깊게 쌓을 수 있다. 아래 사항들을 보면서 외국에 물건을 발송하는 기초 지식을 쌓도록 하자.

운송장은 발송인과 수취인의 주소를 적는 서류를 뜻하며 인보이스는 통관을 위해 필요한 서류를 뜻한다. 어떤 택배사를 이용하던 물품을 보낼 때 운송장과 인보이스를 만들어야 한다. 운송장과 인보이스에 물품 가격을 적어야 하는데 가격은 새제품이면 그대로 적고 중고 제품이면 감가상각을 적당히 반영해서 적자. 가격을 너무 높게 적으면 수취인이 세금을 필요 이상으로 많이 낼 수 있고 가격을 너무 낮게 적으면 언더 밸류로 간주되어 통관이 지연되어 반송되거나 폐기되고 벌금을 낼 수 있다. 언더 밸류란 관부가세를 안 내거나 적게 낼 목적으로 운송장과 인보이스에 물품 가격을 실제 가격보다 적게 작성하는 것이다. 언더 밸류는 명백한 세금 포탈, 불법 행위이기 때문에 통관이 지연되어 반송이나 폐기가 될 수 있을 뿐만 아니라 벌금이 나올 수 있다. 그러니 운송장과 인보이스에 물품 가격을 새제품이면 그대로 적고 중고 제품이면 감가상각을 적당히 반영해서 적자.

선물을 보내기 전에는 수취인의 성함, 연락처, 우편 번호, 그리고 영문 주소를 확인해야 한다. 영어가 아닌 현지 언어로 주소로 받았다가 영어로 잘못 바꿔서 엉뚱한 주소로 배송이 된다거나 주소를 영어로 바꾸기 어려워서 고생할 수 있다. 특정 택배사는 우편 번호를 바탕으로 주소 분류 작업을 하기 때문에 우편 번호를 잘못 적으면 배송 일자가 지연될 수 있다. 우편 번호가 없는 나라(홍콩, 베트남 등등)는 도시명을 확인해야 하며 특정 나라는 우편 번호가 숫자로만 되어 있지 않고 숫자와 영어가 섞여 있다.

보통 운송 방식은 항공기로 보내는 방법과 배로 보내는 방법이 있다. 항공기는 가격이 비싸지만 배송 기간이 빠르며 배는 가격이 저렴하지만 배송 기간이 매우 늦을 수 있다. 항공기를 통해 보내면 5일 걸리는 시간이 배로 갈 경우 한 달 정도 걸리는 경우도 있으며 그 이상 걸리는 경우도 있다. 그렇기에 본인의 사정과 보내는 물품에 맞춰서 어떤 운송 방식으로 선물을 보낼지 결정하자.

배송 직원을 집으로 불러서 물품을 발송하는 방법이 있고 직접 택배사 서비스 센터로 방문하여 물품을 발송하는 방법이 있다. 배송 직원을 집으로 부르기보다는 직접 택배사로 방문하여 물품을 발송하는 것이 가격이 저렴한 편이다.

물품을 보내기 전에 택배사 콜센터에 전화를 해서 보내고자 하는 물품을 그 나라로 보낼 수 있는지 여부와(일부 나라에서는 중고 제품이나 특정 제품을 보낼 수 없다.)배송 운임과 기간을 확인하도록 하자. 확인하지 않고 배송 직원 픽업 서비스를 신청하거나 택배사 서비스 센터로 방문할 경우 헛걸음을 하고 시간 낭비를 할 수 있다.

택배사 사이트에 접속하거나 콜센터에 전화를 하여 이벤트나 프로모션이 있는지도 확인하자. 온라인 사이트에서 직접 결제하거나 프로모션 코드를 입력할 경우 할인 적용을 받아 매우 저렴하게 물품을 보낼 수 있다.

간혹 해외 발송을 범죄로 이용하는 사례가 있기 때문에 픽업 서비스를 신청할 경우 배송 직원에게 어떤 물품을 보내는지 확인을 해야 하며 택배사 서비스 센터에 방문하였을 때 센터 직원에게 어떤 물품을 보내는지 확인을 해야 한다. 그렇기에 박스 포장을 하되 박스 위쪽을 밀봉하지 말자.

물품이 특이하면 어쩔 수 없겠지만 박스는 최대한 작은 것으로 사용하는 것이 좋다. 무게와 부피 중에 큰 쪽으로 가격을 측정을 하기 때문이다. 무게가 적게 나가는데 박스를 큰 것으로 사용하면 무게가 아닌 부피로 금액이 측정되어 평소보다 요금이 배로 나올 수 있다. 보통 부피를 측정하는 공식은 가로cm와 세로 cm와 높이 cm를 곱하고 5000으로 나누면 된다. 택배사마다 부피를 구하는 공식이 다를 수 있으니 발송하기 전에 택배사 콜센터에 전화하여 확인하도록 하자.

수취인이 세금을 낸다고 생각하고 보내야 한다. 그렇기 때문에 외국인 친구가 세금을 내는 것에 동의했을 때 선물을 보내야 한다. 외국에서 한국으로 배송되는 물품의 경우 미국은 200달러까지 면세고 미국 이외의 국가는 150달러까지 면세지만 물품에 따라 금액이 150달러 미만이어도 세금이 붙는 물품(목록 통관 배제 대상 물품)이 있다. 이처럼 나라마다 면세 금액과 면세 규정도 각각 다르고 물품마다 면세가 되지 않는 물품도 있다. 그래서 택배사 콜센터에 전화해서 문의해도 수취인 국가의 통관 규정은 수취인이 현지에 직접 확인해야 된다는 답변을 받게 된다. (나라마다 규정이 워낙 다양하고 통관 규정이 시기에 따라 자주 바뀌기 때문이다.)

깜짝 선물은 수취인이 세금을 내야 하기 때문에 시도하기 어렵다. 그러나 가능한 방법도 있다. 다니는 회사에 택배사(예를 들면 DHL) 고객 번호가 있는지 확인하자. 회사 고객 번호가 있을 경우 개인으로 보낼 때와는 다르게 추가 수수료를 지불하여 DDP 서비스(운임과 세금을 모두 발송인이 내는 서비스)를 사용해서 물품을 보낼 수 있다. 회사에 회사 고객 번호를 사용해서 지인에게 선물을 보내고 발생한 운임료와 세금을 회사에 내도 되는지 물어보자. 가능하다고 하면 DDP 서비스를 통해서 외국인 친구에게 물품을 보내자. 나중에 택배사 콜센터에 전화해서 해당 건만 분리 청구 요청 후 따로 지불하면 된다. 상대가 돈을 내고 선물을 받는 것과 돈을 하나도 내지 않고 선물을 받는 것은 느낌 자체가 다르다. 단, DDP가 안 되는 국가가 간혹 있다. 그러니 택배사 콜센터에 전화해서 DDP가 되는 국가인지 확인 후 물품을 보내도록 하자. 보통 회사 고객 번호를 사용해서 발송할 경우 할인율이 자동으로 적용된다. 그렇기에 다니는 회사 고객 번호가 할인율이 높을 경우 매우 저렴한 운임으로 물품을 보낼 수 있다. 다니는 회사가 해외에 보내는 물품이나 서류가 많을 경우 회사에 건의해서 고객번호를 새롭게 개설하고 외국인 친구에게 선물을 보내는 방법도 좋다.

수취인께 물품을 보낸 이후 혹시라도 택배사에서 전화가 오면 잘 받아 달라고 하자. 통관을 위해서 전화를 하거나 문자를 주는 경우가 있는데 전화를 받지 않고 문자를 무시하면 통관이 지연되어서 추가 비용(창고료)을 수취인이 부담하게 될 수 있고 통관이 계속 지연되면 물품이 반송되거나 폐기 처리될 수 있다. 이 문제 때문에 운송장과 인보이스에 발송인과 수취인의 연락처를 오타 없이 잘 기재해야 한다. 연락처를 잘못 적을 경우 통관이 지연되어 연락을 취할 수 있는 방법이 없어서 반송이나 폐기가 되면 돈은 돈대로 날리고 큰 스트레스를 받는다.

〈택배사 콜센터에 전화하기 전 준비 목록들 정리〉

(1) 픽업을 한다면 픽업지 주소의 도로명 주소 혹은 지번 주소

(2) 수취인 국가의 우편 번호(우편 번호가 없는 국가는 도시명 확인)

(3) 보내는 물품 종류-나라마다 보낼 수 없는 물품이 존재하기 때문에

여러 물품을 보내더라도 어떤 물품을 보내는지 확인이 필요하다.

(4) 물품과 박스를 포함한 무게

(5) 박스의 가로 cm, 세로 cm, 높이cm-무게와 부피 중 큰 쪽으로 금액이 측정되기에 정확한 금액을 확인하려면 박스의 가로 세로 높이를 측정하는 과정이 필요하다

(6) 물품의 가격(새제품이면 구매 금액, 중고 제품이면 감가상각을 반영한 금액)

〈위 6가지를 준비한 후 택배사 콜센터에 전화해서 문의할 목록들〉

(1) 배송 기간(통관이나 비행 혹은 배 스케줄의 문제가 없을 경우)

(2) 배송 직원 픽업 시 가격, 택배사 서비스 센터 방문 시 가격

(3) 할인 및 프로모션 이벤트가 있는지

(4) 보내고자 하는 국가로 원하는 물품을 발송 가능한지 여부

코로나가 끝나면 가장 하고 싶은 것에 대한 여론 조사에서 항상 1위는 해외여행이었다. 인터넷 커뮤니티에서는 해외여행 가고 싶다는 글들이 하루도 빠짐없이 올라왔다. 예전에는 20살이 되면 해외여행을 가서 견문을 넓히고 추억을 쌓는 사람들이 많았지만 코로나 상황 때문에 그러지 못했다. 또한, 해외여행 조건이 완화되었어도 완벽히 코로나가 종식되지 않은 상황이고 해외여행 비용이 예전보다 훨씬 비싸져서 많은 사람들이 해외여행 가는 것을 부담스러워했다. 예전처럼 해외여행을 자주 가기는 매우 어려운 상황이기에 필자는 독자분들께서 한 번의 해외여행을 가더라도 편안하고 즐겁고 매우 만족스러운 해외여행을 경험하실 수 있도록 혼신의 힘을 다해서 준비하고 생각하며 책을 집필했다.

코로나로 인한 사회적 거리 두기가 장기화되며 우리의 두뇌는 퇴화되는 환경에 놓여지게 되었다. 그래서 많은 사람들이 항상 화가 나 있었다. 작은 불쾌함에도 민감하게 반응하며 싸우는 일들을 주변에서 많이 목격할 수 있었을 것이다. 코로나로 인해 힘들어하는 사람들이 너무 많았다. 그래서 필자는 코로나로 인해 퇴화된 두뇌를 어떻게 하면 다시 활성화시킬 수 있는지와 두뇌의 특성을 어떻게 사용하여 해외여행을 준비하고 계획할 수 있는지를 많이 생각하고 준비하며 글을 써 갔다. 기초 체력이 있어야 모든 운동을 쉽게 즐길 수 있듯이 퇴화된 두뇌를 어느 정도 정상화시켜야 행복한 감정을 느끼고 좋아하는 일들을 즐길 수 있기 때문이다.

해외여행 커뮤니티부터 시작해서 주변 지인들 중 해외여행을 만족스럽게 즐기는 분들의 공통점을 찾고자 오랜 시간 부단히 노력하였다. 그 결과, 나름대로 해외여행을 만족스럽게 즐기는 사람들의 노하우를 하나씩찾을 수 있었고 그 노하우들을 한 곳으로 모으고 더욱 발전시켜 필자 또한 매우 만족스러운 해외여행을 즐길 수 있었다. 그래서 이렇게 독자분들에게도 만족스러운 해외여행을 준비하는 방법을 소개할 수 있게 되었다.

해외여행을 한 번도 가지 못한 독자분들이나 혹은 해외여행을 갔더라도 본인의 취향에 따라 만족스러운 해외여행을 가지 못한 독자분들께서는 필자의 책을 보면서 많은 것을 느낄 수 있을 것이라고 확신한다. 본인만이 가지고 있는 로망이 떠오를 수도 있고 설레고 행복한 상상을 했을수도 있다. 두렵지만 설레는 감정이 들면서 '나도 할 수 있을까?'라는 생각이 들 것이다.

'실제의 체험을 반복하면 우리의 뇌에 만들어지는 회로는 체험을 할때마다 그를 거듭 제곱하는 양으로 증가해 가고, 경험을 거듭할수록 뇌의 회로가 촘촘해진다. 즉, 뇌는 상당히 빠른 속도로 성장해 가니 실제로 체험해 보는 걸 두려워 말고 자주 하자.'

-이케가야 유지 『해마』-

처음부터 잘하는 사람은 없다. 계획을 세우고 준비하고 실천하고 피드백하는 과정을 계속 거쳐 나가면서 능숙해지고 잘하게 되는 것이다.

필자가 처음으로 30분 동안 외국인 친구와 영어로 통화했던 적이 있다. 전화를 끊고 통화한 시간이 30분이 지났다는 것을 깨달았을 때 매우 놀랐다. 과거에 영어 문장을 1분도 얘기하지 못했었기에 30분 동안 외국인과 서로 이야기했다는 것이 믿겨지지 않았다.

영어가 약점이건 사교성이 부족한 것이 약점이건 그 어떠한 약점이라도 편안한 마음으로 연습하고 실천하고 피드백하는 과정을 꾸준히 반복하면 반드시 실력이 폭발적으로 성장하는 순간이 찾아온다. 그 과정은 지루하고 힘들 수 있지만 제대로 실천만 한다면 결국에는 시간이 해결해 준다.

유명 베스트셀러 디바인 매트릭스를 집필한 그렉 브레이든의 주장처럼 이 세상 모든 것은 연결되어 있기 때문에 부분을 바꾸는 것은 전체를 바꾸는 것이다. 진심으로 자신이 원하는 꿈이 있거나 로망이 있다면 그것을 준비하고 연습하는 순간마다 최선을 다하자. 그러면 다른 분야에도 좋은 영향을 미쳐서 여러분들의 인생이 바뀌는 계기가 될 것이다.

필자는 해외여행에 대한 로망이 있었고 그 로망을 준비하며 순간마다 최선을 다했다. 결과가 어떻게 될지는 생각하지 않았다. 되던 안 되던 순간마다 최선을 다하는 모습 자체가 아름답다고 생각했다. 힘든 순간들도 많고 포기하고 싶었던 순간들도 많았지만 그래도 순간마다 최선을 다하며 계속 나아갔다. 그 결과 만족스러운 해외여행을 하며 좋은 외국인 친구들을 사귈 수 있었고 영어 실력도 향상되어 좋은 외국계 기업에 입사하여 만족스러운 워라밸 생활을 즐기고 있다. 될까, 안 될까 결과를 생각하며 불안해만 했다면 결코 이루어지지 않았을 것이다. 힘들고 포기하고 싶어도 순간마다 최선을 다했기 때문에 그것이 인생의 전체적인 흐름에 좋은 영향을 미쳐 좋은 결과를 만들어 냈던 것이다.

자신의 한계는 자신이 정하는 것이다. 그렇기에 독자 여러분들도 영화 속 주인공처럼 본인이 원하는 인생을 살 수 있다고 생각하며 원하는 것에 도전해 보자. 성공 여부는 중요하지 않다. 정직하게 혼신의 힘을 다해서 노력하는 자체가 아름다운 인생을 살고 있는 것이다.

촛불 하나로 불을 나누어 세상 전부를 밝힐 수 있듯이 필자는 이 책을 집필하며 많은 사람들이 이 책을 통해 진심으로 원하는 것을 찾고 최선을 다해 도전하는 아름다운 인생을 살기를 원했다.

필자의 책이 출판되어 오랜 시간이 흐른 후 필자가 책 후기들을 보았을 때 독자분들께서 아래와 같은 후기들을 남겨 주셨으면 좋겠다.

"마음속 깊은 곳에서 진심으로 원하는 것들을 생각해 보고 용기 있게 도전하게 만든 책."
"4차 산업 혁명 시대를 살아가며 필수 학습 요소인 뇌 과학의 중요성을 인식하고 뇌 과학을 활용하게 만든 책."

"나의 음을 알아주는 외국인 친구를 만나게 해 준 멋진 책."

"잊지 못할 추억들을 만들어 준 소중한 책."

"용기 내어 도전하여 지금의 사랑하는 배우자를 만나게 해 준 멋진
책."

이 책을 통해 코로나로 인해 퇴화된 두뇌를 활성화시키고 진심으로 원하는 추억들을 만들어 나가길 바란다. 독자 여러분들의 행복을 진심으로 응원한다.

https://blog.naver.com/hedgehog0812

필자의 블로그 주소다. 책에서 다루지 않은 다양한 해외여행 TIP들, 차후에 다룰 새로운 컨텐츠들을 업데이트할 예정이니 많이 찾아 주시길 바란다.